KB052067

꽃보다 아름다운 열매·줄기

꽃보다 아름다운 열매·줄기

초판 1쇄 펴낸날 2019년 5월 31일
지은이 김정민, 남수환, 노회은, 배준규, 신귀현, 정대한, 정우철
펴낸이 박명권
펴낸곳 도서출판 한숲
신고일 2013년 11월 5일 | **신고번호** 제2014-000232호
주소 서울특별시 서초구 방배로 143 2층
전화 02-521-4626 | **팩스** 02-521-4627 | **전자우편** klam@chol.com
편집 조한결 | **디자인** 조진숙
출력·인쇄 금석인쇄

ISBN 979-11-87511-17-5

* 파본은 교환하여 드립니다.
* 이 도서의 국립중앙도서관 출판예정도서목록(CIP)은 서지정보유통지원시스템 홈페이지(http://seoji.nl.go.kr)와 국가자료종합목록시스템(http://kolis-net.nl.go.kr)에서 이용하실 수 있습니다. (CIP제어번호 : CIP2019019602)

값 15,000원

꽃보다 아름다운 열매·줄기

김정민, 남수환, 노회은, 배준규, 신귀현, 정대한, 정우철

감사한 분들

강민석(청와대)
강정화(한택식물원)
권순남(스케치)
권용진(국립백두대간수목원)
김규성(서울시립대)
김기송(국립백두대간수목원)
김봉찬(더가든)
김수병(청와대)
김영풍(제이드가든)
김현희(평강식물원)
남기준(한숲)
박건(제이드가든)
박원순(에버랜드)
성정원(국립백두대간수목원)
송기훈(미산식물원)
송명준(님프)
신창호(국립백두대간수목원)
우승민(정원사진작가)
유제선(제이드가든)
윤정원(국립수목원)
이문규(국립수목원)
이병권(국립백두대간수목원)
이보연(청와대)
이소영(식물세밀화가)
이정관(도담식물원)
조한결(한숲)
최수진(천리포수목원)

노상문, 노은정, 박흥서, 서영숙, 신철

줄기처럼 여러 가지, 열매처럼 알차게
꽃보다 아름다운 식물을 소개합니다.

여러 가지 아름다운 식물의 매력이 정원에 열매 맺히다.

옛날 옛적, 조그만 일에도 다투기를 좋아하고, 툭하면 서로를 헐뜯는 형제가 있었다. 아버지는 어느 날 아들들을 불러 나뭇가지 하나를 꺾어보게 했다. 아들들이 코웃음을 치며 가지 하나를 쉽게 꺾자 아버지는 나뭇가지를 여러 개 뭉친 가지 다발을 주며 꺾어보게 했다. 자신만만하던 아들들은 그 어느 누구도 나뭇가지 다발을 꺾지 못했다.

한데 뭉쳐 큰 힘을 내는 가지들처럼 '늘 함께 힘과 지혜를 모아야 한다'는 가르침이 담긴 탈무드의 이야기다. 가드너는 옛 이야기에서도 정원을 더 아름답게 가꾸기 위한 지혜를 한 번 더 마음에 새긴다.

원 톱 배우만으로 좋은 드라마나 영화가 나오기 어려운 것처럼, 특정한 하나의 요소로만 정원을 예술적으로 가꾸고 유지하기 쉽지 않다. 2016년에 펴낸 '꽃보다 아름다운 잎'에서는 사람들의 꽃에 대한 애정에서 비롯한 갈증, 꽃이 부족한 계절의 아쉬움을 극복하기 위해 다양한 잎의 매력을 소개했다. 하지만 늘 푸른 잎을 가진 나무를 제외하면, 잎만으로는 정원의 아름다움을 사계절 감상하기에 부족하다.

옛 이야기의 나뭇가지처럼 사계절 아름다운 정원을 가꾸는 데 힘을 보태는 요소는 의외로 가까이 숨어있다. 식물의 골격에 해당하는 줄기와 아름다움의 결정체 열매는 잎과 꽃이 진 정원에 등판한 구원 투수다. 줄기와 열매는 정원을 더 풍성하고 깊은 아름다움의 세계로 이끈다. 특유의 개성을 담은 빛깔과 형태로 꽃 못지않은 매력을 뽐내는 식물의 열매와 줄기를 소개한다.

2019년 새 봄 가득한 정원에서
'꽃보다 아름다운 가드너' 일동

Contents

이 책을 보는 법

일러두기

1. 이 책은 꽃처럼 아름답고 관상가치가 높은 열매와 줄기를 가진 식물 소재를 일반인들이 쉽게 활용할 수 있도록 구성하였다.
2. 국내에서 유통되고 있는 식물을 중심으로 하였으며, 일반적인 조경 식물은 최소화하였다.

외국 품종명에 대한 이해를 돕기 위하여 국립수목원에서 발간한 국가표준식물목록(2010)을 기준으로 국명을 정리하였으며, 소개되지 않은 식물에 대해서는 그에 준하는 기준과 원칙에 따라 작성하되 간혹 매끄럽지 않은 이름은 필자들의 추천명으로 대체하였다.

식물 생육 조건과 관련된 광량 및 관수에 대한 정보와 수고, 수관폭은 심볼로 간단히 표시하였다.
광 요구도는 양지/반그늘/그늘의 3단계로 구분하였다.
☼ : 양지, ☀ : 반그늘, ● : 그늘
(양지와 반그늘에 모두 해당할 경우는 ☼☀ 로 표시)

이 책에 수록된 식물의 경우, 재배 품종이 많은 특성을 고려하여 세계적으로 권위있는 RHS(영국왕립원예협회) Plant Finder를 기준으로 과명, 학명 및 품종명을 우선적으로 정리하였으며, IPN(International Plant Name Index)도 함께 참고하였다.

78 | 꽃보다 아름다운 열매·줄기

서양주목 '루테아' ☼☀ Zone5

과명 Taxaceae 주목과
학명 *Taxus baccata* 'Lutea' **성상** 상록침엽교목
관상포인트 우리나라의 주목과 달리 노란색의 열매가 달린다.
Tip 성장속도가 느리다.

하늘타리 ☼ Zone8

과명 Cucurbitaceae 박과
학명 *Trichosanthes kirilowii* **성상** 다년생덩굴
관상포인트 열매는 늦여름 작은 초록색 공 모양으로 달리며, 가을에 오렌지색으로 변한다. 열매 안에는 많은 종자가 들어 있다.
Tip 중부지방에서 인위적으로 재배하는 경우, 결실이 잘 안 되는 특성이 있다.

솔송나무

Zone5

과명 Pinaceae 소나무과
학명 *Tsuga sieboldii* **성상** 상록침엽교목
관상포인트 황갈색 열매는 타원형 또는 난형이며 작은 솔방울 모양이다.
Tip 여름철 직사광선을 많이 받거나, 겨울철 북풍을 바로 받는 곳을 피하는 것이 좋다.

느릅나무

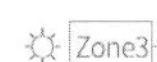

Zone3

과명 Ulmaceae 느릅나무과
학명 *Ulmus davidiana* var. *japonica* **성상** 낙엽활엽교목
관상포인트 열매는 줄기에 붙어 부채 모양으로 다소 둥글게 익으며 5월 중순이 되면 거의 성숙한다.
Tip 버드나무와 함께 봄철 성숙하는 종자를 갖는 수종 중 하나이다. 결실율은 높지 않으나 파종하면 발아율은 좋은 편이다.

식물 생육에 있어서 가장 중요한 내한성은 전 지역을 기상청의 30년간(1985~2014) 자료를 기초로 USDA 식물 내한성 구역에 맞춰 작성하였으며, 전 세계 식물 내한성 구역존과 기준을 통일시킴으로써 국내외 식재 가능지역에 대한 식물 내한성 구역은 부록에 별도로 수록하여 독자의 이해를 돕도록 하였다. 각 식물의 식물 내한성 구역 선정은 국내외 주요 문헌을 참고하였으며, 간혹 문헌과 다른 Zone으로 선정되어 있다고 판단되는 경우 국내 지역별 식물원 및 수목원에서 실제 노지 생육이 가능한 범위를 토대로 작성하였다.

블루베리 '듀크'

Zone5

과명 Ericaceae 진달래과
학명 *Vaccinium corymbosum* 'Duke'
성상 낙엽활엽관목
관상포인트 열매는 전년도 가지에서 개화하여 여름철에 포도송이처럼 주렁주렁 달리고 보라색으로 익으며, 익는 속도는 제각기 다르다.
Tip 봄철 전년도 가지를 잘라 삽목하면 발근율이 높다. 토양산도 pH 4.5~5.5의 산성토양에서 잘 자란다.

번식, 전지, 시비, 방제 등 식물 관리에 대한 추가적인 설명이 필요한 경우, 별도로 식물 하단에 소개하였다.

꽃보다 아름다운 열매

정원에서 열매는 두고두고 보아야 제 맛이다.

"생각이 난다 홍시가 열리면
울 엄마가 생각이 난다
회초리 치고 돌아앉아 우시던
울 엄마가 생각이 난다
바람불면 감기 들세라
안 먹어서 약해질세라
힘든 세상 뒤쳐질세라
사랑땜에 아파 할세라
그리워진다 홍시가 열리면
울 엄마가 그리워진다
생각만 해도 눈물이 핑도는
울 엄마가 그리워진다
생각만 해도 가슴이 찡하는
울엄마가 그리워진다
울엄마가 생각이 난다
울 엄마가 보고파진다."
- 나훈아 '홍시'

열매가 주인공인 노래 가사 덕분에 우연히 빛깔 좋은 홍시를 만나면 괜스레 더 반갑다. 열매는 식물의 번식을 위한 결정체이지만 노래처럼 추억이 함께 맺히기도 한다. 먹성 좋은 사람들에게 열매는 훌륭한 간식거리이지만, 야생에서 열매는 동물이 생명을 이어갈 수 있도록 도와주는 귀한 먹거리다.

수확과 풍성함의 대명사로 통하는 열매는 정원에서 꽃에 버금가는 역할을 한다. 열매는 꽃이 겪은 계절을 기억하고 있을 뿐 아니라 다음 계절을 보낼 씨앗을 품고 있다.

꽃의 결과물이 열매이기 때문에 식물의 세상에서 꽃과 열매를 다르게 여기는 것은 어색하지만, 정원에서 꽃과 열매의 역할은 '눈맛'에서 차이가 있다. 과수원에서 열매는 따야 제맛이지만 정원에서 열매는 두고두고 보아야 제맛이다.

열매의 맛은 쓰고, 달고, 시고, 맵다. 열매는 그 다양한 '맛'처럼 다양한 '멋' 또한 머금고 있다. 특히 열매는 모양, 색깔, 맛, 향의 매력을 조화롭게 지녀 꽃보다 혹은 꽃에 버금가는 귀한 정원 요소다.

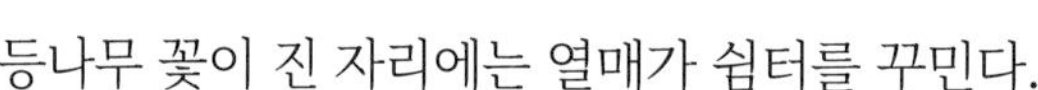

등나무 꽃이 진 자리에는 열매가 쉼터를 꾸민다.

Vandusen Botanical Garden, Canada

함께 자라는 두 나무의 아름다움 경쟁을 가드너가 중재한다.

Sorbus x *Kewensis* & *Sorbus aria* 'Aurea' - Vandusen Botanical Garden, Canada

고양이 꼬리를 닮은 부들의 검은 열매가 풍경에 리듬을 더해 준다.

Langley, Canada

지의류가 자리 잡아 하얗게 변한
수피 덕분에 붉은 열매가 더욱 돋보인다.

Queen Elizabeth Park, Canada

수호초와 하이페리쿰 '올디아블로'(*Hypericum* 'Alldiablo')

Queen Elizabeth Park, Canada

브리티시컬럼비아대학교에서 만난 서어나무의 열매는
익숙하지 않은 크기로 개성을 나타냈다.

Carpinus fangiana - UBC Botanical Garden, Canada

거대한 크기로 뚜렷한 존재감을 드러내는 고추나무 열매

Staphylea pinnata - UBC Botanical Garden, Canada

미국의 주니퍼 레벨 식물원.
꽃에서 열매로 변화하는 과정을
한 그루에서 관찰할 수 있는 석류 품종(*Punica granatum* cv.).

Juniper Level Botanical Garden, USA

청와대의 겨울.

바람을 타고 가을 모과향이 정원에 흐른다.

열매는 떨어져도 향은 여전히 흐른다.

청와대, 대한민국

청와대, 대한민국

지난 가을의 빛을 고스란히 간직한 산수유 열매가 겨울빛에 반짝인다.

청와대, 대한민국

까치가 남겨 둔 감꼭지는 겨울에 핀 꽃이다.

청와대, 대한민국

대통령의 정원에서 만난 열매.
사철나무의 열매는 익으며 틈이 벌어진다.
껍질 사이로 설핏 보이는 주홍빛 열매는
늘 푸른 사철나무의 숨은 매력이다.

청와대, 대한민국

가지에서 떨어진 주목의 붉은 열매는

작은 불꽃이 천천히 사그라지듯 한동안 여전히 붉다.

청와대, 대한민국

제이드가든의 꽃보다 아름답고 고마운 열매.
백당나무, 좀작살나무, 미국낙상홍의 열매는
정원을 더 풍성하게 만들 뿐만 아니라
먹이가 부족한 야생 조류들에게 귀한 먹이가 된다.
겨울 정원의 열매는 모두에게 넉넉함을 나눈다.

제이드가든, 대한민국

충청남도 태안의 천리포수목원에서 개최한
'꽃보다 아름다운 열매' 전시회

천리포수목원, 대한민국

'꽃보다 아름다운 열매' 전시회에서는
관람객들이 열매뿐만 아니라 종자까지 함께 관찰할 수 있도록 기획했다.

천리포수목원, 대한민국

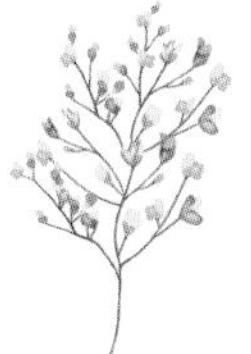

천리포수목원, 대한민국

미선나무

Zone5

과명 Oleaceae 물푸레나무과
학명 *Abeliophyllum distichum*
성상 낙엽활엽관목
관상포인트 열매는 시과로 원상 타원형이고 길이와 폭이 각 25mm로 끝이 오그라들며 넓은 예저이며 9월에 성숙한다. 부채 모양의 열매가 매우 특징적이다.
Tip 증식은 삽목이 용이하며 종자 파종은 가을에 채취하여 노천 매장 후 이듬해 봄에 파종한다.

구상나무

Zone5

과명 Pinaceae 소나무과
학명 *Abies koreana* **성상** 상록침엽교목
관상포인트 갈색, 검정색, 자주색, 녹색의 원주형 열매로 길이는 46~72mm, 너비 18~27mm정도이다. 성숙할수록 다양하게 변하는 열매가 특징이다. 크리스마스 트리로 이용된다.
Tip 실생으로 번식하며 익은 종자를 정선하여 통풍이 되는 자루에 넣어 서늘한 곳에 보관하였다가, 파종 1개월 전에 습층처리 하였다가 파종한다.

신나무

Zone2

과명 Sapindaceae 무환자나무과
학명 *Acer tataricum* subsp. *ginnala* **성상** 낙엽활엽교목
관상포인트 열매는 대체적으로 어두운 갈색이며 늦가을 날개모양(시과)으로 성숙하며 날개는 밝은 갈색을 띤다. 바람이 강하게 부는 날 바람에 종자가 비산하고, 간혹 이듬해까지 남아있기도 한다.
Tip 종자는 결실율이 매우 불량하며 2년 발아이다. 봄철 삽목으로 번식이 용이하다.

붉은꽃칠엽수

Zone5

과명 Sapindaceae 무환자나무과
학명 *Aesculus* x *carnea* **성상** 낙엽활엽교목
관상포인트 열매는 캡슐 형태로 표면에 가시 같은 돌기가 있다. 종자 3~4개가 들어 있으며 사포닌을 함유하고 있어 어류 등 일부 생물에 독성이 있다. 꽃은 붉은색으로 5월에 핀다.
Tip A. *hippocastanum* x *A. pavia* 교잡종이다. 녹음수로 심으면 좋으나, 열매와 어린잎에 독성이 있어 주의해야 한다.

사방오리

☼ Zone6

과명 Betulaceae 자작나무과
학명 *Alnus firma* **성상** 낙엽활엽교목
관상포인트 열매는 타원형이며 10월에 성숙한다. 종자에는 날개가 있고 열매자루에는 털이 있다.
Tip 사방조림용으로 도입되어 중부 이남에서 볼 수 있다.

오리나무

☼ ◐ Zone6

과명 Betulaceae 자작나무과
학명 *Alnus japonica* **성상** 낙엽활엽교목
관상포인트 열매는 견과로 10월 즈음에 성숙하며, 마른 열매로 겨울을 나게 되는데 자연물 공예에 많이 이용된다.
Tip 실생번식은 9~10월에 푸른색 열매를 채취하여 양건하고 공기가 잘 통하는 곳에 보관하였다가 이듬해 봄에 파종한다. 다습한 토양을 좋아하고 공해에 강하다.

물오리나무

☼ Zone5

과명 Betulaceae 자작나무과
학명 *Alnus sibirica* **성상** 낙엽활엽교목
관상포인트 10월에 성숙하는 달걀 모양의 열매는 회색이 도는 갈색으로 하나의 가지에 3~4개씩 달린다.
Tip 척박한 토양에서도 잘 자란다. 가을에 종자를 채종해서 이른 봄에 파종하면 된다.

파인애플

Zone12

과명 Bromeliaceae 파인애플과
학명 *Ananas comosus* **성상** 상록다년초
관상포인트 200~1,100개의 꽃에서 열매를 맺는다. 표면은 육각형 난위로 구성된 겹실로 진녹색, 주황색, 황색으로 익는다. 오랜 재배 및 품종 선별 과정으로 인해 종자가 없다.
Tip 번식은 원줄기의 새순, 꽃줄기, 부화관, 뿌리로 한다. 품종은 100여 종 이상이며, 열매는 날것으로 먹거나 통조림으로 가공한다.

두릅나무

Zone5

과명 Araliaceae 두릅나무과
학명 *Aralia elata* **성상** 낙엽활엽관목
관상포인트 분홍색의 꽃차례에 검정색의 둥근 열매가 달려 마치 꽃처럼 보인다.

Tip 종자 번식 보다는 뿌리를 이용한 근삽으로 번식하는 것이 용이하다.

식나무

 Zone8

과명 Cornaceae 층층나무과
학명 *Aucuba japonica* **성상** 상록활엽관목
관상포인트 열매는 핵과로 타원형이며 길이는 1.5~2cm로 10월 경에 진한 붉은색으로 성숙하며 겨울 동안 가지에 달려 있다.

Tip 실생번식은 열매를 채취하여 과육을 제거한 후 노천매장하였다가 봄철에 파종한다. 삽목은 3~4월, 6~8월, 9월에 미숙지삽을 한다. 식재지는 강한 광선을 차단해야 녹색의 잎이 선명해진다.

매발톱나무

Zone5

과명 Berberidaceae 매자나무과
학명 *Berberis amurensis* **성상** 낙엽활엽관목
관상포인트 열매는 밝은 선홍색이고 가을철에 긴 타원형으로 익는다.

Tip 종자 번식이 쉬우며 채종 후 과육을 제거한 후 바로 파종한다. 음지보다 양지에서 생육상태가 양호하며 개화와 결실이 좋다.

매자나무

Zone3

과명 Berberidaceae 매자나무과
학명 *Berberis koreana* **성상** 낙엽활엽관목
관상포인트 열매는 밝은 선홍색으로 가을철에 원형 또는 긴 타원형으로 익는다.
Tip 종자 번식이 쉬우며 채종 후 과육을 제거한 후 바로 파종힌다. 열매 감상을 위해서는 군릭식재가 효과적이다.

당매자나무

Zone5

과명 Berberidaceae 매자나무과
학명 *Berberis poiretii* **성상** 낙엽활엽관목
관상포인트 선홍색의 열매는 수분이 많고 연한 조직으로 되어있다. 구기자 열매와 유사하게 생겼으며 9월에 아름답게 결실한다.
Tip 비옥한 사질 양토에서 잘 자란다. 동해, 염해, 공해 등 모든 면에서 강인한 식물이다.

망개나무

Zone5

과명 Rhamnaceae 갈매나무과
학명 *Berchemia berchemiifolia* **성상** 낙엽활엽교목
관상포인트 열매는 핵과로 좁고 긴 타원 모양이고 길이는 7~8mm정도로 초가을(8~9월)에 먼저 노란빛이 돌고 그 뒤 붉게 되며 나중에는 암적색으로 되어 성숙한다.
Tip 노랗게 변한 종자는 미성숙 종자로 발아가 되지 않는다. 성숙한 붉은 종자를 노천매장 하였다가 파종한다. 삽목은 봄에 근삽, 또는 가을에 숙지삽을 한다.

먹넌출

Zone8

과명 Rhamnaceae 갈매나무과
학명 *Berchemia racemosa* var. *magna*
성상 낙엽활엽덩굴
관상포인트 열매는 타원형의 핵과로 녹색 바탕에 붉은빛이 돌며 여름과 가을 사이에(6~10월) 흑색으로 익는다.
Tip 번식은 가을에 종자를 채취하여 정선한 후 노천매장 하였다가 봄에 파종하거나 당년에 자란 가지를 삽목한다.

사스래나무

Zone4

과명 Betulaceae 자작나무과
학명 *Betula ermanii* **성상** 낙엽활엽교목
관상포인트 열매는 가을에 달리며 길이는 약 2~4cm 정도의 장타원형으로 달린다. 자작나무와 달리 열매가 곧게 서는 것이 특징이다. 열매를 덮고 있는 과피가 벌어지면서 씨앗이 바람에 날리게 된다.
Tip 주로 해발고도 600~2,500m의 높은 고산지대에서 자생하고 있어, 정원에 식재 시 기온이 높은 지역은 피해야 한다.

자작나무

Zone4

과명 Betulaceae 자작나무과
학명 *Betula platyphylla* var. *japonica*
성상 낙엽활엽교목
관상포인트 열매는 긴 타원형으로 수분 후엔 밝은 녹색이었다 성숙하면서 연한 갈색으로 변하고 초겨울에 벌어져 바람에 날린다. 열매에는 날개가 달려있어 바람에 날리기 쉽다. 바람에 날리는 종자는 눈이 내리는 듯하다.
Tip 가을철 채종하여 봄에 뿌리면 발아율이 높은 편이나 결실율이 매우 낮다. 발아 후 약 2년까지는 음지에서 기르고 이후 양지에 기르도록 한다.

좀작살나무

☼ Zone5

과명 Verbenaceae 마편초과
학명 *Callicarpa dichotoma* **성상** 낙엽활엽관목
관상포인트 열매는 가을철 가지 끝에서 둥근 모양의 밝은 보라색으로 모여 익는다.
Tip 햇줄기에서 꽃이 피므로 봄철 전지를 통해 수세를 유지하여야 더 많은 열매를 감상할 수 있다. 발아율이 좋은 편이다.

새비나무

☼ Zone6

과명 Verbenaceae 마편초과
학명 *Callicarpa mollis* **성상** 낙엽활엽관목
관상포인트 열매는 가을철 가지 끝에서 5mm 정도 크기로 포도 모양으로 뭉쳐 달리며 밝은 보라색이었다가 겨울이 지남에 따라 진한 적색으로 변한다.
Tip 종자의 결실율이 높고 발아율도 좋은 편이다. 가을철 바로 뿌리도록 한다.

피칸

Zone5

과명 Juglandaceae 가래나무과
학명 *Carya illinoinensis* **성상** 낙엽활엽교목
관상포인트 열매는 가을철 가지 끝에서 3~5개씩 달걀 모양으로 모여 달리고 4개의 능선이 있으며 어두운 갈색을 띤다.
Tip 식용 가능한 종자로 채집 후 햇빛에 말리면 과피가 벌어진다. 양지에 심어 기른다.

개비자나무

Zone6

과명 Cephalotaxaceae 개비자나무과
학명 *Cephalotaxus koreana* **성상** 상록침엽관목
관상포인트 탐스러운 붉은색의 열매가 1~4개씩 붙어서 결실한다. 소나무에 열린 앵두나 자두처럼 보여 유럽에서는 'Pinus berry'라고 부른다.
Tip 부엽한 토양과 습한 기후를 좋아한다.

죽절소

Zone8

과명 Chloranthaceae 홀아비꽃대과
학명 *Sarcandra glabra* **성상** 상록활엽관목
관상포인트 과실은 핵과로, 육질은 둥글며 5~6개 또는 10여 개씩 이삭꽃차례로 달린다. 붉은색으로 11~12월에 성숙하여 겨울을 난다. 꽃보다 열매가 매우 아름답다.
Tip 붉게 성숙한 종자를 채종 후 바로 파종한다. 파종상은 습도를 유지하여 종자가 마르지 않도록 유지한다.

누리장나무

Zone6

과명 Verbenaceae 마편초과
학명 *Clerodendrum trichotomum* **성상** 낙엽활엽관목
관상포인트 열매는 핵과로 둥근 모양이며 지름 6~8mm로 푸른색으로 익는다. 붉은색의 꽃받침에 싸여 있다가 밖으로 나출되며 9월 말에서 10월 중순에 성숙한다. 붉은색의 꽃받침이 꽃잎처럼 보여 열매가 맺히는 시기에도 매우 아름답다.
Tip 가을에 성숙한 종자를 채취하여 노천매장 하였다가 이듬해 봄에 파종한다. 녹지삽목에 의해 번식한다. 배수가 좋은 사질 토양을 좋아하고 내한성이 강하다.

코코넛

Zone10

과명 Arecaceae 종려과
학명 *Cocos nucifera* **성상** 상록활엽교목
관상포인트 코코넛 열매는 지름이 35cm 정도이며 섬유질로 둘러싸여 있어 카펫, 로프 등 생활용품이나 공예품 재료가 된다. 열매의 안쪽의 젤리 같은 과육은 식용, 화장품 등으로 이용한다.

산딸나무

☼ ◐ Zone6

과명 Cornaceae 층층나무과
학명 *Cornus kousa* **성상** 낙엽활엽교목
관상포인트 열매는 취과로 둥글고 붉은색이며 크기는 1.5~2.5cm로 다소 커 익으면 매우 아름답다.

Tip 종자는 건조하면 발아가 잘 되지 않으므로 채종 즉시 파종한다. 토심이 깊고 비옥한 토양을 좋아하며 내한성이 강하다.

산수유

☼ Zone5

괴명 Cornaceae 층층나무과
학명 *Cornus officinalis* **성상** 낙엽활엽소교목
관상포인트 장과의 열매는 긴 타원형이며 길이 1.5~2cm로 광택이 있다. 종자는 타원형으로 8월에 성숙하여 겨울까지 달려 있다.
Tip 파종은 채종하여 바로 하는 것이 좋다. 여름에 채종한 종자는 즉시 땅속에 묻어 두었다가 그해 가을에 파종한다. 다음해 봄에 파종할 수도 있으나 발아는 어느 쪽이나 1년 지나서 그 이듬해 봄에 발아한나. 배수가 앙호한 토앙이 좋다.

히어리

☼ ☀ Zone5

과명 Hamamelidaceae 조록나무과
학명 *Corylopsis gotoana* var. *coreana*
성상 낙엽활엽관목
관상포인트 열매는 삭과로 구형이며 2실이 2개로 갈라지고 종자는 검은색으로 9월에 성숙한다. 총상꽃차례의 열매가 달리며 종자가 터져 빠져나간 이후에도 마른 껍질로 겨울을 나는데 형태가 특이하다.
Tip 노랗게 성숙해 벌어지기 시작하는 열매를 채취하여 후숙한다. 열매가 벌어지면서 종자가 튀어 나가므로 신문지 등으로 열매를 덮어 관리한다. 냉장 보관 후 이듬해 봄에 파종한다.

개암나무

☼ ☀ Zone5

과명 Betulaceae 자작나무과
학명 *Corylus heterophylla* **성상** 낙엽활엽관목
관상포인트 열매는 둥근 견과로 9~10월에 갈색으로 익으며 총포가 종 모양으로 열매를 둘러싼다.
Tip 열매는 식용한다.

몽자개야광나무

Zone8

과명 Rosaceae 장미과

학명 *Cotoneaster harrovianus* **성상** 상록활엽관목

관상포인트 열매는 가을부터 붉게 익기 시작하며 12월경에 강렬한 붉은색을 띤다.

Tip 양지 또는 반음지의 비옥하고 배수가 잘 되는 토양을 좋아한다. 번식은 종자 또는 삽목 모두 가능하다.

섬개야광나무

Zone5

과명 Rosaceae 장미과

학명 *Cotoneaster wilsonii* **성상** 낙엽활엽관목

관상포인트 열매는 길이 7~8mm정도로 달걀 모양이다. 열매의 색상은 보랏빛을 띠는 붉은색으로 여름에 성숙한다.

Tip 번식은 가을에 채종하여 노천매장 하였다가 이듬해 봄에 파종한다. 배수가 잘 되는 사질 양토 또는 양토가 좋다. 암석원 등에 이용할 수 있다. 멸종위기야생식물로 지정되어 증식 시 허가가 필요하다.

산사나무

☼ Zone5

과명 Rosaceae 장미과

학명 *Crataegus pinnatifida* **성상** 낙엽활엽교목

관상포인트 붉은색의 열매는 표면에 백색 반점이 있다. 신맛이 나는 열매는 다양한 식재료로 활용된다.

Tip 내음성이 약한 식물로 반드시 햇빛이 양호한 지역에 식재하는 것이 좋다.

꾸지뽕나무

☼ Zone6

과명 Moraceae 뽕나무과

학명 *Cudrania tricuspidata* **성상** 낙엽활엽소교목

관상포인트 열매는 취과로 둥글며 지름 2.5cm로서 육질이고 9~10월에 적색으로 성숙하며 수과는 길이 5mm 정도로 흑색이다. 과육은 달고 식용 가능하다.

Tip 번식은 뿌리 부근에서 새싹이 나오는 것을 분주하면 쉽다.

감나무

☼ Zone6

과명 Ebenaceae 감나무과

학명 *Diospyros kaki* **성상** 낙엽활엽교목

관상포인트 열매는 장과로 난상 원형 또는 편구형이며 지름 4~8cm로 황적색이고 10월에 성숙한다. 잎이 떨어진 이후 남아있는 열매가 매우 아름답다.

Tip 종자 번식은 모수의 우량 형질을 이어받지 못하고 퇴화하므로 실생으로 발아한 고욤나무 대목에 감나무를 아접이나 절접으로 번식한다.

너도바람꽃

Zone5

과명 Ranunculaceae 미나리아재비과
학명 *Eranthis stellata* **성상** 다년초
관상포인트 여러 개의 씨방으로 되어있으며, 열매가 익으면 붓순나무 열매와 매우 흡사하게 변한다.

Tip 종자로 번식하는 것이 효과적이며, 봄철에 채종 즉시 파종하는 것이 좋다. 물가 근처에 자생하며, 재배 시 공중 습도 유지에 신경 써야 한다.

화살나무

Zone4

과명 Celastraceae 노박덩굴과
학명 *Euonymus alatus* **성상** 낙엽활엽관목
관상포인트 열매는 가을철 가지 끝에서 1~2개씩 짧은 타원 모양으로 모여 달리고 어두운 적갈색의 종의(種衣)로 둘러 싸여 있다. 종의는 나중에 돌돌 말린다.

Tip 단풍 못지않은 붉은색 열매는 정원수로 매우 훌륭하다. 삽목과 종자 번식이 쉬운 식물이고, 양지에 기르는 것이 좋다.

좀참빗살나무

Zone4

과명 Celastraceae 노박덩굴과
학명 *Euonymus bungeana*
성상 낙엽활엽관목 또는 소교목
관상포인트 열매는 삭과로 붉은빛이 돌고 네 개의 깊은 홈이 있어 갈라진다.
Tip 토심이 깊고 비옥한 땅을 좋아한다. 실생이나 삽목으로 번식한다.

참빗살나무

Zone4

과명 Celastraceae 노박덩굴과
학명 *Euonymus hamiltonianus* **성상** 낙엽활엽관목
관상포인트 열매는 가을철 가지 끝에서 3개씩 삼각 모양으로 모여 달리고 색깔은 밝은 핑크색을 띤다. 늦가을이나 초겨울에 껍질이 네 갈래로 벗겨진다.
Tip 배수가 좋은 양지에 길러야 열매가 많이 달린다.

참회나무

Zone6

과명 Celastraceae 노박덩굴과
학명 *Euonymus oxyphyllus* **성상** 낙엽활엽관목
관상포인트 가을철 가지 끝에서 둥근 모양의 열매가 아래로 향하여 2~3개씩 달리며 성숙하면 5갈래로 갈라진다. 종의(種衣)의 색깔은 다소 짙은 적색이고 열매의 색깔은 밝은 황적색이다.
Tip 음지에서도 잘 자란다.

말오줌때

☼ ☼ Zone6

과명 Staphyleaceae 고추나무과
학명 *Euscaphis japonica* **성상** 낙엽활엽관목
관상포인트 꼬부라진 타원형으로 예두인 붉은색 열매는 골돌과로 1~3개씩 달리고 길이 1.5~2cm로 세로맥이 있다. 검은색의 둥근 종자는 지름 5~6mm로 윤기가 있으며 9월 초에서 10월 말 성숙한다. 붉은 열매 껍질이 매우 아름답다.
Tip 번식은 가을에 익은 종자를 채취하여 직파하거나 노천매장 하였다가 봄에 파종한다. 토질은 가리지 않으나 습한 토양을 좋아한다.

무화과나무

☼ Zone8

과명 Moraceae 뽕나무과
학명 *Ficus carica* **성상** 낙엽활엽관목
관상포인트 열매는 헛열매로 씨방이 커다란 꽃받침 안에 생긴다. 거꾸로 선 달걀 모양이며 길이 5~8cm로 8~10월에 암자색 또는 황록색으로 익으며 식용할 수 있다.
Tip 번식은 종자나 삽목이 용이하다. 새로 자란 가지를 20㎝ 정도로 잘라 삽목하면 묘목을 얻을 수 있다.

벽오동

Zone7

과명 Sterculiaceae 벽오동과
학명 *Firmiana simplex* **성상** 낙엽활엽교목
관상포인트 열매는 5개의 분과로 익기 전에 벌어져서 완두콩 같은 종자가 보이고, 10월경에 성숙한다. 열매와 더불어 푸른 수피도 특징이다.
Tip 이식력이 약하므로 어린 나무를 키울 때 자주 이식하여 잔뿌리의 발달을 유도한 다음 이식하는 것이 좋다. 종자는 마르면 발아가 잘 안되므로 직파하는 것이 좋다.

장구밤나무

Zone5

과명 Tiliaceae 피나무과
학명 *Grewia parviflora* **성상** 낙엽활엽관목
관상포인트 장구통 모양의 열매가 가을철 가지 끝에서 어두운 황적색으로 모여 달리며 매끈하여 윤기가 난다.
Tip 종자번식이 쉬운 편이다. 햇가지에서 개화하여 열매가 달리므로 이른 봄철 전지를 해 수형 관리를 하도록 한다.

금강초롱꽃

Zone3

과명 Campanulaceae 초롱꽃과

학명 *Hanabusaya asiatica* **성상** 다년초

관상포인트 꽃은 8~9월에 연한 자주색에서 백색의 통꽃으로 아래를 향해 핀다. 과실은 3실로 과실자루에 가까운 곳에 난 구멍으로 종자가 쏟아진다.

Tip 우리나라 특산식물이다. 추위에 강하나 더위에 약하다. 15~25°C에서 잘 자란다.

송악

Zone7

과명 Araliaceae 두릅나무과

학명 *Hedera rhombea* **성상** 상록활엽덩굴

관상포인트 열매는 둥글고 검은색으로 다음 해 늦봄에서 여름에 성숙한다. 꽃은 가을에 피며 잎은 짙은 녹색으로 3~5개로 갈라진다.

처녀치마

Zone3

과명 Liliaceae 백합과
학명 *Heloniopsis koreana* **성상** 다년초
관상포인트 삭과로 3개의 능선이 있다. 종자는 선형으로 작고 양 끝이 좁다. 꽃은 4월에 3~10개가 적자색으로 핀다.

Tip 꽃이 피는 초기에는 낮은 기온에 적응하기 위해 꽃대가 낮게 개화하나 점차 기온이 상승함에 따라 꽃대가 점점 높이 자라 약 50cm에 이른다. 종자를 멀리 전파시키기 위함이다.

호랑가시나무 '부르포르디 나나' Zone7

과명 Aquifoliaceae 감탕나무과
학명 *Ilex cornuta* 'Burfordii Nana' **성상** 상록활엽관목
관상포인트 붉은색의 열매가 다른 호랑가시나무 종류보다 매우 풍성하게 달린다.
Tip 씨앗으로 증식하는 것 보다는 삽목으로 번식하는 것이 효율적이다.

갯낙상홍 '레드 캐스캐이드' Zone5

과명 Aquifoliaceae 감탕나무과
학명 *Ilex decidua* 'Red Cascade' **성상** 낙엽활엽관목
관상포인트 초가을에 주홍색으로 익는 완두콩 크기의 열매는 늦은 겨울까지 달린다.
Tip 이른 봄에 삽목으로 번식한다.

비목나무 Zone5

과명 Lauraceae 녹나무과
학명 *Lindera erythrocarpa* **성상** 낙엽활엽교목
관상포인트 붉은색은 열매는 9~11월에 성숙하고, 겨울철 새들의 좋은 먹이가 된다.

Tip 내한성, 내건성, 내음성 등이 우수하다. 반면 대기오염에 약하다.

미국호랑가시나무 ‘카나리’ Zone5

과명 Aquifoliaceae 감나무과
학명 *Ilex opaca* ‘Canary’ **성상** 상록활엽관목
관상포인트 열매는 가을철 노랗게 익어 겨울을 난다.
Tip 종자와 삽목으로 증식한다.

일렉스 푸르푸레아

Zone7

과명 Aquifoliaceae 감나무과

학명 *Ilex purpurea* **성상** 상록활엽교목

관상포인트 상록의 잎에 붉은 열매가 성숙하여 겨울을 나며 열매자루가 다소 긴 특징이 있다.

Tip 상록활엽수임에도 불구하고 내한성이 뛰어나다.

먼나무

Zone7

과명 Aquifoliaceae 감탕나무과

학명 *Ilex rotunda* **성상** 상록활엽교목

관상포인트 열매는 붉은색이며 완두콩과 모양과 크기가 비슷하다. 초록색의 잎을 배경으로 10월 이후 많은 열매가 열리는데 마치 꽃과 같다.

Tip 열매를 보기 위해서는 암그루만 골라서 삽목 증식하는 것이 효과적이다.

낙상홍 '선드롭스' Zone5

과명 Aquifoliaceae 감탕나무과
학명 *Ilex serrata* 'Sundrops' **성상** 낙엽활엽관목
관상포인트 밝은 베이지색의 열매는 가을철 줄기에 붙어 둥근 모양으로 열린다.

미국낙상홍 Zone5

과명 Aquifoliaceae 감탕나무과
학명 *Ilex verticillata* **성상** 낙엽활엽관목
관상포인트 열매는 가을철 줄기에 붙어 밝은 적색으로 열린다. 단풍이 진 다음까지 열매가 남아있기도 한다.
Tip 뿌리 부근에서 맹아가 잘 생성되며, 맹아를 분주해 묘목을 얻을 수 있다.

미국낙상홍 '윈터 레드' Zone5

과명 Aquifoliaceae 감탕나무과
학명 *Ilex verticillata* 'Winter Red' **성상** 낙엽활엽관목
관상포인트 초가을에 주홍색으로 익는 완두콩 크기의 열매는 늦은 겨울까지 달린다.

Tip 단독으로 심거나 군락으로 심는 것이 적합하고 연못가 근처에 식재하는 것을 추천한다.

일렉스 코이네아나 '체스너트 리프' Zone7

과명 Aquifoliaceae 감탕나무과
학명 *Ilex* x *koehneana* 'Chestnut Leaf'
성상 상엽활엽소교목
관상포인트 열매는 붉은색이며 완두콩과 모양과 크기가 비슷하다. 초록색의 잎을 배경으로 10월 이후 열리는 많은 열매는 마치 꽃과 같으며, 상대적으로 큰 잎 때문에 열매가 돋보인다.

완도호랑가시나무 Zone7

과명 Aquifoliaceae 감탕나무과
학명 *Ilex* x *wandoensis* **성상** 상록활엽관목
관상포인트 9~10월에 작은 구슬 모양으로 빨간색 열매가 달린다.
Tip 잎은 변이가 심해서 가시가 있거나 없는 것도 있다. 단단하고 광택이 있는 잎이 특징이다. 호랑가시나무과 감탕나무의 자연 교잡종이다.

붓순나무 Zone7

과명 Illiciaceae 붓순나무과
학명 *Illicium anisatum* **성상** 상록활엽관목
관상포인트 열매는 골돌로 6~12개의 바람개비 모양으로 배열되며 지름은 2~2.5cm 정도로 9월에 성숙한다. 잎 등에서 나는 향기가 열매에서도 난다. 성숙한 열매를 후숙하면 갈색으로 변하고 저절로 벌어져 종자가 비산한다.
Tip 열매가 벌어지며 튀어 나가므로 종자를 채취할 때 뚜껑이 있는 용기나 천 등으로 열매를 덮어줘야 한다.

깽깽이풀

Zone4

과명 Berberidaceae 매자나무과
학명 *Jeffersonia dubia* **성상** 다년초
관상포인트 열매 꼬투리는 여름철 꽃줄기 끝에서 하나씩 달리며 다 익으면 누렇게 갈변하여 바닥에 떨어진다.
Tip 종자로 증식이 쉬우며 80% 정도 익었을 때 채집하여 모래와 섞어 비빈 뒤 밀선을 제거하여 파종하도록 한다. 자생지는 대체적으로 반음지이나 양지에서도 잘 자라는 편이다.

가래나무

Zone5

과명 Juglandaceae 가래나무과
학명 *Juglans mandshurica* **성상** 낙엽활엽교목
관상포인트 열매는 핵과로 달걀형이며 9월에 익는다. 종자는 호두와 비슷하다.
Tip 수형은 우산형으로 녹음수, 독립수로 알맞다. 추운 지방에서 잘 자라며 따뜻한 곳에선 생장이 불량하다.

모감주나무

☼ Zone5

과명 Sapindaceae 무환자나무과
학명 *Koelreuteria paniculata*
성상 낙엽활엽교목
관상포인트 열매는 삭과로 꽈리 같으며 길이가 4~5cm이고 3개로 갈라진다. 종자는 3개가 들어 있고 둥글며 검은색으로 윤채가 있고 9월 초에서 10월 초에 성숙한다.
Tip 가을에 종자를 채취하여 직파하거나 노천매장 후 봄에 파종하면 발아율이 매우 높다. 추위와 공해에 강하다. 직립하는 수형을 갖고 있다.

일본잎갈나무

☼ Zone4

과명 Pinaceae 소나무과
학명 *Larix kaempferi* **성상** 낙엽침엽교목
관상포인트 열매는 여름철에 달걀 모양으로 위를 향해 달리며, 가을철 성숙하면서 벌어져 바람에 날린다.
Tip 속성수로서 조림에 많이 사용되었다. 발아율은 좋은 편이나 채종이 어렵다.

한계령풀

☼ Zone4

과명 Berberidaceae 매자나무과
학명 *Leontice microrhyncha* **성상** 다년초
관상포인트 녹색의 둥근 열매가 여러 개가 달린다. 꽃은 5월에 노란색으로 핀다.
Tip 파종으로 쉽게 번식이 되나 이식이 힘들다.

생강나무

☼ ◐ Zone5

과명 Lauraceae 녹나무과
학명 *Lindera obtusiloba* **성상** 낙엽활엽관목
관상포인트 진한 갈색의 둥근 열매는 야생 조류의 좋은 먹이가 된다.
Tip 식물 전체에서 생강 냄새가 나며, 이른 봄에 피는 꽃과 가을의 단풍도 아름답다.

맥문동

Zone5

과명 Liliaceae 백합과

학명 *Liriope platyphylla* **성상** 상록다년초

관상포인트 7~8월에 열리는 열매는 성숙하면 광택이 나는 흑자색으로 변한다.

Tip 이른 봄에 묵은 잎을 깨끗하게 정리하면 아름다운 꽃과 열매를 감상할 수 있다.

괴불나무

Zone3

과명 Caprifoliaceae 인동과

학명 *Lonicera maackii* **성상** 낙엽활엽관목

관상포인트 열매는 가을철 줄기에 바짝 붙어 밝은 적색의 공 모양으로 모여 달린다.

Tip 채종 후 바로 뿌리면 발아율이 좋은 편이다. 새들이 열매를 좋아한다.

올괴불나무

Zone5

과명 Caprifoliaceae 인동과

학명 *Lonicera praeflorens* **성상** 낙엽활엽관목

관상포인트 열매는 봄철 착과되어 여름철에 가지 끝에서 공 모양의 밝은 적색으로 모여 달린다.

Tip 열매는 달달하며 채종 후 과육을 제거하여 파종하면 약 40일 전후로 발아한다. 자생지에서 보통 음지에서 자라나 양지에 키우면 더 많은 꽃과 열매를 감상할 수 있다.

후박나무

Zone7

과명 Lauraceae 녹나무과
학명 *Machilus thunbergii* **성상** 상록활엽교목
관상포인트 열매는 장과로 이듬해 7~8월 말에 흑자색으로 익으며 지름은 1.5m 정도이다. 붉은 열매자루가 특징이다.

Tip 8월 말 즈음 종자를 채취하여 바로 파종하면 7~10일 이내에 발아한다. 낙하한 후 2주 정도 지나면 발아하므로 종자 채취 후 직파하거나 노천매장을 한다.

우산목련

Zone5

과명 Magnoliaceae 목련과
학명 *Magnolia umbrella* **성상** 낙엽활엽교목
관상포인트 열매는 봄철에 착과되어 여름철에 가지 끝에서 길쭉한 곤봉 모양의 어두운 적갈색으로 하나둘씩 모여 달리고, 숙성되면 벌어져 종자가 탈피된다.
Tip 종자 번식이 가능하며 종자가 마를 경우 발아율이 현저히 떨어지므로 채종 후 바로 뿌리도록 한다.

모데미풀

 Zone4

과명 Ranunculaceae 미나리아재비과
학명 *Megaleranthis saniculifolia* **성상** 다년초
관상포인트 골돌 구조의 열매가 방사상으로 배열되며 검은색의 종자가 있다.
Tip 습윤한 낙엽수림 하부에서 자라며 더위에 약하다.

멀구슬나무

Zone8

과명 Meliaceae 멀구슬나무과
학명 *Melia azedarach* **성상** 낙엽활엽교목
관상포인트 열매는 둥글며 핵과로 지름 1.5cm 정도의 크기다. 9월 중순에서 10월 사이에 노란색으로 성숙하고 점차 쭈글쭈글해진다. 이듬해 봄까지 열매가 그대로 달린다.
Tip 번식은 실생으로 한다. 10월 즈음 열매가 노랗게 되면 채종하여 과육을 제거한 뒤 직파한다. 종자가 건조하지 않도록 주의한다. 파종 후 2년째 봄에 발아한다.

합다리나무 Zone8

과명 Sabiaceae 나도밤나무과
학명 *Meliosma oldhamii* **성상** 낙엽활엽소교목
관상포인트 열매는 핵과로 둥글고 지름은 7mm이며 9~10월에 붉게 성숙한다.

Tip 번식은 가을에 종자를 채취하여 노천매장 한 후 봄에 파종한다. 건조에 약하다.

박주가리 Zone5

과명 Asclepiadaceae 박주가리과
학명 *Metaplexis japonica* **성상** 다년초
관상포인트 열매는 장타원형으로 가을철에 흑갈색으로 익으며 완숙하면 꼬투리가 벌어져 비산한다. 열매에 4cm 정도 길이의 흰 털이 나 있다.
Tip 진딧물이 질 서식하는 식물이다.

인삼

 Zone5

과명 Araliaceae 두릅나무과
학명 *Panax ginseng* **성상** 다년초
관상포인트 열매는 납작한 구형으로 여러 개가 우산모양꽃차례에 모여서 달린다. 붉은 에나멜 페인트와 같은 색이 매혹적이다.

Tip 배수가 잘 되는 부엽성이 좋은 토양을 선호한다. 가정에서 재배할 땐 토양 배수와 시원한 기온을 유지해주면 잘 자란다. 종자를 후숙시켜 씨껍질이 벗겨진 씨앗을 구매하면 증식하기 수월하다.

굴피나무

Zone5

과명 Juglandaceae 가래나무과
학명 *Platycarya strobilacea* **성상** 낙엽활엽교목
관상포인트 열매는 긴 타원형이며 밝은 갈색을 띠고 완숙하면 포편이 벌어져 열매가 비산한다.

탱자나무 '플라잉 드래곤' ☼ Zone5

과명 Rutaceae 운향과

학명 *Poncirus trifoliata* 'Flying Dragon'

성상 낙엽활엽관목

관상포인트 지름 3cm 크기의 둥근 장과의 열매는 표면에 부드러운 털이 많이 나 있으며 향기가 좋으나 먹을 수 없다. 비교적 크고 노란 열매가 열려 관상용으로 매우 좋다. 가지가 꼬여있는 특성을 가진 품종이다.

Tip 종자 채취를 하여 직파하거나 습기 있는 모래와 섞어 두었다가 파종한다. 발아율은 매우 높으나 종자 저장 시 건조하면 발아하지 않으므로 주의한다. 육성된 묘목은 귤나무의 대목으로 사용할 수 있다.

좁은잎피라칸타  Zone6

과명 Rosaceae 장미과

학명 *Pyracantha angustifolia* **성상** 상록활엽관목

관상포인트 10~12월에 황적색의 열매가 성숙한다. 겨울철 정원에 관상포인트로 활용하기 좋은 식물이다.

Tip 군락으로 심어 울타리로 활용하여도 좋다. 단독으로 심을 땐 토피어리 연습용으로 좋은 소재가 된다.

신갈나무

Zone5

과명 Fagaceae 참나무과
학명 *Quercus mongolica* **성상** 낙엽활엽교목
관상포인트 흔히 도토리라고 부르는 견과는 타원형으로 짙은 갈색을 띈다.
Tip 쓰임새가 많은 나무로 열매는 식용으로, 줄기는 가구재와 버섯을 기르는 원목으로 쓰인다.

홍만병초

Zone3

과명 Ericaceae 진달래과
학명 *Rhododendron brachycarpum* var. *roseum*
성상 상록활엽관목
관상포인트 열매는 가을철 전년지 끝에서 달리며 바깥은 흑갈색이다. 꼬투리가 벌어지면 0.5mm 정도의 씨앗이 비산한다.
Tip 산성토양에서 잘 자라고 파종, 삽목 등으로 번식이 가능하다. 겨울철이면 잎이 오그라들어 아래로 늘어진다.

병아리꽃나무

Zone4

과명 Rosaceae 장미과
학명 *Rhodotypos scandens* **성상** 낙엽활엽관목
관상포인트 가을철 짧은 타원형의 종자가 어두운 적색으로 가지 끝에서 넷씩 모여 익는다.
Tip 열매에 독성이 있으므로 유의한다.

붉나무

Zone4

과명 Anacardiaceae 옻나무과
학명 *Rhus javanica* **성상** 낙엽활엽관목
관상포인트 열매는 납작한 구형으로 가지 끝에서 포도 모양으로 주렁주렁 모여 달린다. 열매는 매끈하며 과피는 짠맛이 난다.
Tip 종자로 번식이 쉬우며 채종 후 모래와 섞어 비벼 과육을 제거하고 바로 뿌리도록 한다.

개옻나무

Zone6

과명 Anacardiaceae 옻나무과
학명 *Rhus trichocarpa* **성상** 낙엽활엽소교목
관상포인트 열매는 핵과로 편구형이며 지름은 6mm이고 자모로 덮여있다. 9월 초에서 11월 말에 성숙한다. 원뿔 모양의 열매는 잎이 진 후에도 남아 있다.
Tip 단풍이 매우 아름다우나 독성이 있어 피부염을 일으킨다.

까치밥나무

Zone5

과명 Saxifragaceae 범의귀과
학명 *Ribes mandshuricum* **성상** 낙엽활엽관목
관상포인트 열매는 광택이 도는 선홍색으로 마치 오미자를 연상케 하고 탐스럽다. 다 익으면 식용이 가능하다.
Tip 파종, 삽목, 휘묻이 등 다양한 방법으로 증식이 가능하다.

딱총나무

 Zone5

과명 Caprifoliaceae 인동과
학명 *Sambucus williamsii* var. *coreana*
성상 낙엽활엽관목
관상포인트 완두콩 크기의 열매는 붉은색으로 6~7월에 익는다.
Tip 공중습도가 높은 환경에서 잘 자란다.

오미자

Zone5

과명 Schisandraceae 오미자과
학명 *Schisandra chinensis* **성상** 낙엽활엽덩굴
관상포인트 8~10월에 달리는 붉은 열매는 완두콩 크기로 포도송이처럼 많이 달린다.
Tip 서늘한 곳을 좋아한다. 울타리 주변에 차폐식재를 추천한다. 좋은 열매는 액상차와 과실주로 활용하면 좋다.

스키미아 야포니카 '오블라타'

Zone7

과명 Rutaceae 운향과
학명 *Skimmia japonica* 'Oblata' **성상** 상록활엽관목

관상포인트 열매는 10월에 다수의 붉고 둥근 열매가 달리며 가을부터 이듬해 봄까지 생생하게 유시된다.

스키미아 라우레올라 Zone7

과명 Rutaceae 운향과
학명 *Skimmia laureola* **성상** 상록활엽관목
관상포인트 열매는 가을에 작고 둥근 붉은색으로 달리며, 새들이 좋아해서 새 배설물을 통해 씨앗이 퍼지기도 한다.

청미래덩굴 Zone6

과명 Liliaceae 백합과
학명 *Smilax china* **성상** 낙엽활엽덩굴
관상포인트 지름이 약 1cm 크기인 둥근 열매는 9~10월에 적색으로 성숙하며 다 익은 열매는 매우 탐스럽다.
Tip 물이 잘 빠지는 산성토양이 적합하며 이식력은 매우 약하다.

팥배나무 Zone5

과명 Rosaceae 장미과
학명 *Sorbus alnifolia* **성상** 낙엽활엽교목
관상포인트 열매가 마치 팥처럼 다닥다닥 열린다.
Tip 봄철 하얗게 피는 꽃과 가을철 빨간 열매, 단풍이 특징이다.

마가목

Zone5

과명 Rosaceae 장미과
학명 *Sorbus commixta* **성상** 낙엽활엽관목
관상포인트 열매는 9~10월에 붉은색으로 둥글게 성숙하고 지름은 5~8mm이다. 복산방꽃차례로 달려 붉게 익는 열매는 매우 아름답다.

Tip 삽목은 5월 상순에서 6월 상순에 숙지삽, 7월 중순 녹지삽을 한다. 배수가 잘 되는 사질 양토와 습기가 충분한 토양을 좋아한다.

수리취

Zone5

과명 Asteraceae 국화과
학명 *Synurus deltoides* **성상** 다년초
관상포인트 열매는 가을철 다소 긴 공 모양으로 익으며 표면에 날카로운 가시가 있다.
Tip 종자로 번식이 쉬우며 대체로 양지에서 생육이 왕성한 편이다.

서양주목 '루테아' Zone5

과명 Taxaceae 주목과

학명 *Taxus baccata* 'Lutea' **성상** 상록침엽교목

관상포인트 우리나라의 주목과 달리 노란색의 열매가 달린다.

Tip 성장속도가 느리다.

하늘타리 Zone8

과명 Cucurbitaceae 박과

학명 *Trichosanthes kirilowii* **성상** 다년생덩굴

관상포인트 열매는 늦여름 작은 초록색 공 모양으로 달리며, 가을에 오렌지색으로 변한다. 열매 안에는 많은 종자가 들어 있다.

Tip 중부지방에서 인위적으로 재배하는 경우, 결실이 잘 안 되는 특성이 있다.

솔송나무

Zone5

과명 Pinaceae 소나무과

학명 *Tsuga sieboldii* **성상** 상록침엽교목

관상포인트 황갈색 열매는 타원형 또는 난형이며 작은 솔방울 모양이다.

Tip 여름철 직사광선을 많이 받거나, 겨울철 북풍을 바로 받는 곳을 피하는 것이 좋다.

블루베리 '듀크'

Zone5

과명 Ericaceae 진달래과

학명 *Vaccinium corymbosum* 'Duke'

성상 낙엽활엽관목

관상포인트 열매는 전년도 가지에서 개화하여 여름철에 포도송이처럼 주렁주렁 달리고 보라색으로 익으며, 익는 속도는 제각기 다르다.

Tip 봄철 전년도 가지를 잘라 삽목하면 발근율이 높다. 토양산도 pH 4.5~5.5의 산성토양에서 잘 자란다.

느릅나무

Zone3

과명 Ulmaceae 느릅나무과

학명 *Ulmus davidiana* var. *japonica* **성상** 낙엽활엽교목

관상포인트 열매는 줄기에 붙어 부채 모양으로 다소 둥글게 익으며 5월 중순이 되면 거의 성숙한다.

Tip 버드나무와 함께 봄철 성숙하는 종자를 갖는 수종 중 하나이다. 결실율은 높지 않으나 파종하면 발아율은 좋은 편이다.

산앵도나무

Zone5

과명 Ericaceae 진달래과
학명 *Vaccinium hirtum* var. *koreanum*
성상 낙엽활엽관목

관상포인트 열매는 달걀형으로 남아있는 꽃받침 조각 때문에 절구같이 보이며 붉은색으로 9월에 성숙한다.

가막살나무

Zone5

과명 Caprifoliaceae 인동과
학명 *Viburnum dilatatum* **성상** 낙엽활엽관목
관상포인트 열매는 지름 8mm의 넓은 달걀형이며 붉은색으로 9월 중순에서 10월 초에 성숙한다. 복상방꽃차례의 형태로 달리는 열매가 매우 개성 있다.
Tip 열매를 채취하여 정선한 후 2년간 노천매장 하였다가 파종하여야 발아가 양호하고 삽목으로 증식한다.

아왜나무

Zone8

과명 Caprifoliaceae 인동과
학명 *Viburnum odoratissimum* var. *awabuki*
성상 상록활엽교목
관상포인트 길이 7~10mm, 폭 4mm의 열매는 핵과로 거꿀달걀형의 타원형이다. 붉은색에서 검은색으로 익으며 가을에 성숙한다. 산호수라고 불릴 만큼 열매가 아름답다.
Tip 정원수, 산울타리용, 방화수, 해안 방풍수로 식재해도 좋다.

초피나무

Zone6

과명 Rutaceae 운향과
학명 *Zanthoxylum piperitum* **성상** 낙엽활엽관목
관상포인트 삭과는 적갈색으로 구형이며 선점이 있고 종자는 검은색으로 9월 말에서 10월 초에 성숙한다. 붉은 열매 껍질이 매우 아름다우며 다소 매운 향이 있다.
Tip 천근성으로서 뿌리가 옆으로 퍼지므로 건조에는 약하다. 해가 잘 들지 않고 통풍이 안 되는 곳에서는 결실이 잘 되지 않으므로 주의한다.

꽃보다 아름다운 줄기

줄기는 주인공에 버금가는 조연이다.

줄기는 계절이 바뀔 때마다 주인공과 조연을 오간다. 잎과 열매가 없는 계절에 줄기는 화장을 전혀 하지 않아도 아름다운 빛이 나는 민낯의 주연이다.

한 겨울 자작나무의 하얀 수피는 말 그대로 백미다. 겨울숲에서 깨끗하고 하얀 줄기를 뽐내는 자작나무는 누가 뭐라해도 원 톱의 주인공이다. 하얀 가지에 움이 트고 잎이 돋아나면 그때부터 자작나무의 줄기는 다시 조연의 역할로 돌아간다. 자작나무의 밝은 수피는 잎의 푸르름을 더욱 돋보이게 한다.

또한 줄기는 나이테처럼 세월의 흔적을 품고 있는 또렷한 개성을 수피에 나타내기도 한다. 오래된 줄기의 수피에서는 세월의 흐름에 따라 곱게 나이든 원로 배우의 중후한 자태와 품격이 느껴진다.

자작나무뿐만 아니라 줄기가 아름다운 식물들은 계절에 따라 주인공이 되었다가 때로는 조연이 되기도 하면서 제 역할을 다한다. 이번 도감에서는 주인공에 버금가는 조연들의 개성을 소개한다.

아래로 처지는 가지의 특성을 이용한 쉼터

Cedrus libani ssp. *atanltica* 'Glauca Pendula' - Vandusen Botanical Garden, Canada

줄기와 이끼가 함께 하는 풍경

Vandusen Botanical Garden, Canada

Vandusen Botanical Garden, Canada

Vandusen Botanical Garden, Canada

잘 휘어지는 흰버들(*Salix alba* ssp. *vitellina*)의

줄기를 땋아서 만든 수벽

Vandusen Botanical Garden, Canada

스탠리파크의 '신성한 나무(Hallow Tree)'는

1,000년의 세월을 견딘 줄기만 남아 있다.

Western Red Ceder (*Thuja plicata*) - Stanley Park, Canada

누운 줄기는

길, 쉼터, 놀이터가 된다.

UBC Botanical Garden, Canada

시싱허스트 캐슬 정원의 피나무 산책로는
큰잎유럽피나무(*Tilia plathyphyllos*) 줄기의 특징과
가드너의 경험이 함께 빚어낸 작품이다.

Sissinghurst Castle Garden, UK

정원을 관리하며 솎아낸 나무의 줄기는
주차장의 훌륭한 울타리로 다시 태어난다.
자연스럽게 자란 초화류와 함께 만들어 낸 풍경 덕분에
주차장도 정원이 되었다.

Sissinghurst Castle Garden, UK

벽면을 타고 솔란드라 막시마(*Solandra maxima*)의

줄기가 흐르고 꽃이 맺힌다.

RHS Garden Wisley, UK

자작나무의 하얀 수피는

원추리를 더 돋보이게 한다.

RHS Garden Wisley, UK

다양한 개성을 보여주는 타카룸(*Taccarum*)

Juniper Level Botanic Garden, USA

Juniper Level Botanic Garden, USA

노스캐롤라이나에서 만난 건강미 넘치는 피부 미남들

Lagerstroemia fauriei - JC Raulston Arboretum, USA

Betula nigra 'Studetec' - JC Raulston Arboretum, USA

Cercis canadensis 'Flame' - JC Raulston Arboretum, USA

Platanus x *hispanica* 'Suttneri' - JC Raulston Arboretum, USA

업평죽(*Semiarundinaria fastuosa*)의 줄기에는

엽초(sheath)가 발달해 있다.

Sarah P. Duke Garden, USA

묘목과 나뭇가지로 작품을 만드는
'자연 건축가' 패트릭 도허티의 나뭇가지 작품들

"The Big Easy(2017)"

Sarah P. Duke Garden, USA

Sarah P. Duke Garden, USA

"Step Right Up(2017)"

Ackland Art Museum, USA

"Walts in the Woods(2015)"

Morris Arboretum of UPA, USA

나무의 줄기가 동상의 멋진 배경이 되고 있다.

Lagerstroemia 'Biloxi' - Morris Arboretum of UPA, USA

아래로 처지는 뽕나무 가지로

짙은 그늘을 드리운 벤치

Morris Arboretum of UPA, USA

덴마크의 업사이클링 아티스트 토마스 담보의 작품은
쓰임새가 다한 다양한 나무의 줄기를 이용했다.

"똑똑한 우 할아버지"

평강랜드, 대한민국

“밝고 큰 영 아저씨”

평강랜드, 대한민국

"칠드런 리"

평강랜드, 대한민국

"행복한 김치"

평강랜드, 대한민국

영국 겨울 정원의 아름다운 줄기

Prunus serrula, *Cornus sanguinea* 'Midwinter fire', *Betula* - The gardens at Mottisfont, UK

다양한 색의 줄기가 어우러진 풍경

Salix Cornus - Kilver Court Garden, UK

700년의 세월을 견딘 주목의 줄기는
켜켜이 많은 이야기를 품고 있다.

청와대, 대한민국

북악산 기슭의 겨울바람을 염려한 정원사의 배려가
모과나무 줄기를 꼼꼼히 감싸고 있다.

청와대, 대한민국

제이드가든의 꽃보다 아름다운 줄기.

흰말채나무의 붉은가지에 하얀 눈이 내려 앉았다.

제이드가든, 대한민국

춘천에 위치한 제이드가든은 겨울이 길다.
빈 겨울정원은 말채나무류의 다양한 줄기 색으로 채워지고
복분자딸기의 하얀 줄기는 그들을 더 돋보이게 한다.

제이드가든, 대한민국

모과나무, 백송, 적피배롱의 씩씩한 수피는
겨울정원을 지키는 든든한 파수꾼이다.

제이드가든, 대한민국

자작나무의 하얀 수피, 흰말채나무의 붉은 수피, 노랑말채나무의
황금빛 수피의 조화로 겨울 풍경이 더욱 따스하다.

횡성 자작나무미술관, 대한민국

전나무

 Zone5

과명 Pinaceae 소나무과

학명 *Abies holophylla* **성상** 상록침엽교목

관상포인트 1년생 줄기의 색상은 밝은 회색이며 곧고 다소 거친 모양이다. 묵은 줄기는 어두운 회갈색이며 불규칙한 둥근 모양으로 얕게 갈라진다.

Tip 단독식재 또는 군락식재에 적합하고, 물빠짐이 좋은 곳에서 생육이 양호하다. 천근성 식물이므로 강한 바람에 다소 취약하다.

구상나무

Zone5

과명 Pinaceae 소나무과

학명 *Abies koreana* **성상** 상록침엽교목

관상포인트 어린 줄기는 밝은 연두색, 초록색이지만 묵은 줄기는 회백색에 가까운 은색이다. 수피는 거치는 없지만 거칠다.

Tip 우리나라 특산종으로 국가기관에서 자생지를 복원하려고 많은 노력을 하고 있다. 씨앗으로 번식하는 방법이 일반적이며, 온도 변화가 심할수록 발아율이 높다. 어린 나무는 음수이며, 자라면서 양수로 바뀐다.

스페인전나무

Zone6

과명 Pinaceae 소나무과

학명 *Abies pinsapo* **성상** 상록침엽교목

관상포인트 1년생 줄기와 묵은 줄기 모두 밝은 회색이다. 묵은 줄기 표면에 불규칙한 돌기가 형성되어 있고 기부로 갈수록 세로로 불규칙하고 얕게 갈라진다.

Tip 스페인의 지브롤터에 국한되어 자라는 것으로 알려져 있다.

중국단풍

Zone5

과명 Sapindaceae 무환자나무과
학명 *Acer buergerianum* **성상** 낙엽활엽교목
관상포인트 묵은 줄기는 대체적으로 밝은 회색이고, 표면은 울퉁불퉁하며 불규칙하게 세로로 얕게 갈라져 벗겨진다. 벗겨진 곳은 밝은 황갈색을 띤다.
Tip 공해와 전정에 강해 가로수로 널리 쓰인다.

묵은줄기

어린줄기

데이비드사피단풍

Zone5

과명 Sapindaceae 무환자나무과
학명 *Acer davidii* **성상** 낙엽활엽교목
관상포인트 1년생 줄기는 대체적으로 어두운 붉은색이고 매끈하며 가로로 띠 모양이 있고 오래될수록 연한 녹색으로 변한다. 2년생 줄기는 햇빛이 닿는 부분은 붉은색으로 변하며 묵은 줄기는 밝은 황녹색을 띠고 세로로 길게 벗겨지거나 가로로 짧게 벗겨진다. 벗겨진 부분은 대체적으로 백색을 띤다.
Tip 교목이지만 햇가지의 색을 감상하기 위해 관목처럼 기를 수 있다. 햇가지와 묵은 줄기 모두 아름다운 수종이다.

데이비드사피단풍 바이퍼='민다비' Zone5

과명 Sapindaceae 무환자나무과
학명 *Acer davidii* Viper = 'Mindavi' **성상** 낙엽활엽교목
관상포인트 1년생 및 어린 가지에서는 진한 갈색이고 흰 줄무늬가 없으며, 어느 정도 지난 줄기에서는 연한 갈색 바탕에 흰 줄무늬가 나타나는게 특징이다. 마치 뱀의 피부와 흡사하여 영명으로는 'Snake Bark Maple' 이라고 불린다.
Tip 겨울철 수피 감상을 위해 정원에 식재해도 좋고 단풍 또한 아름답다.

그란디덴타툼단풍 Zone5

과명 Sapindaceae 무환자나무과
학명 *Acer grandidentatum* var. *grandidentatum*
성상 낙엽활엽교목
관상포인트 오래된 줄기는 대체적으로 밝은 회갈색을 띠고 표면이 불규칙하여 다른 단풍나무들과 다르게 수피가 벗겨지지 않는다. 사진은 캐나다의 BC주에서 촬영한 것으로 공중습도 때문에 이끼가 자라 하얀색을 띤다.
Tip 수형과 줄기의 색상이 아름다워 독립수로도 알맞다.

중국복자기 Zone4

과명 Sapindaceae 무환자나무과
학명 *Acer griseum* **성상** 낙엽활엽교목
관상포인트 햇줄기는 대체적으로 어두운 밤색 또는 갈색을 띠고 1mm 정도의 하얀 점이 박혀 있으며 매끈하고 오래될수록 붉은 색으로 갈변한다. 묵은 줄기는 약간 어두운 황갈색을 띠고 종잇장처럼 가로로 벗겨지고 벗겨진 부분은 좀 더 밝은 색을 띤다.
Tip 묵은 줄기의 색상이 아름다워 독립수, 군락식재 모두 제격인 수종으로 음지보다 양지에서 줄기의 색상이 잘 발현된다.

옵투사툼이태리단풍

Zone5

과명 Sapindaceae 무환자나무과
학명 *Acer opalus* var. *obtusatum* **성상** 낙엽활엽교목
관상포인트 줄기는 대체적으로 묵을수록 밝은 회색을 띠고 생육 환경에 따라 붉은색이 옅게 발현되기도 한다. 표면은 다소 울퉁불퉁하고 불규칙한 모양으로 얕게 갈라져 붙어 있다.
Tip 이탈리아의 아펜니노-발칸 산맥의 400~1,700m 사이에서 자라는 단풍나무로 수관폭에 비해 수고가 긴 수종이다.

단풍나무

Zone5

과명 Sapindaceae 무환자나무과
학명 *Acer palmatum* **성상** 낙엽활엽교목
관상포인트 묵은 줄기는 대체적으로 어두운 회녹색을 띠고 표면은 다소 밋밋하며 벗겨지지 않으나 간혹 세로로 홈이 얕게 갈라지기도 한다. 사진과 같이 세로의 갈라진 근육모양이 관찰되기도 한다.
Tip 어린 묘목일 때는 음지 혹은 반음지에서 키우도록 하고 일정 기간이 지난 뒤 양지에서 키워야 질 자란다.

펜실베니아산겨릅나무 '에리트로클라둠' Zone5

과명 Sapindaceae 무환자나무과
학명 *Acer pensylvanicum* 'Erythrocladum'
성상 낙엽활엽교목
관상포인트 어린 가지는 밝은 분홍색이다. 줄기는 녹색과 흰 줄무늬가 나타나며, 추워지면 붉은색에 흰 줄무늬로 변한다.
Tip 접목을 통해 번식하도록 한다.

고로쇠 Zone4

과명 Sapindaceae 무환자나무과
학명 *Acer pictum* ssp. *mono* **성상** 낙엽활엽교목
관상포인트 줄기는 분백이며, 매끈하지만 점차 세로로 골이 지며 갈라진다. 어린 가지는 회황색으로 얕게 갈라진다.
Tip 이른 봄 수액을 받아 약수로 한다. 번식은 성숙한 열매를 노천에 매장했다가 이듬해 봄에 파종한다.

노르웨이단풍 '크림슨 킹' Zone3

과명 Sapindaceae 무환자나무과
학명 *Acer platanoides* 'Crimson King' **성상** 낙엽활엽교목
관상포인트 1년생 줄기의 색상은 밝은 회색이며 곧고 다소 거친 모양이다. 묵은 줄기는 어두운 회갈색이며 불규칙한 둥근 모양으로 얕게 갈라진다.
Tip 잎줄기를 자르면 유백색의 수액이 나온다. 어느 정도 습기가 있지만 배수가 잘되는 곳에 식재해야 한다. 잎의 색이 강해서 군락식재보다는 포인트로 식재하는 것이 좋다.

신나무

☼ ◐ Zone2

과명 Sapindaceae 무환자나무과
학명 *Acer tataricum* ssp. *ginnala* **성상** 낙엽활엽교목
관상포인트 묵은 줄기는 대체적으로 세로줄이 얕거나 깊게 갈라진다. 표면은 밝은 회색이지만 갈라진 부분은 어두운 색을 띤다. 때로는 수피가 갈라져 딱지처럼 붙어있기도 한다.
Tip 우리나라 전역에 분포하는 신나무는 미국에서는 외래침입종(Invasive Plant)로 분류되고 있다.

복자기

☼ ◐ Zone4

과명 Sapindaceae 무환자나무과
학명 *Acer triflorum* **성상** 낙엽활엽교목
관상포인트 전년도 줄기는 대체적으로 밝은 황적색을 띠고 오래될수록 밝은 회백색으로 변한다. 오래된 줄기는 비늘 모양으로 불규칙하게 벗겨지고 벗겨진 부분은 밝은 황갈색을 띤다.
Tip 어릴 때는 음지나 반음지에서 키우다 어느 정도 컸을 때 양지에 심도록 한다.

칠엽수

Zone5

과명 Hippocastanaceae 칠엽수과
학명 *Aesculus turbinata* **성상** 낙엽활엽교목
관상포인트 햇줄기는 밝은 적갈색으로 밋밋하고 매끈하며 묵을수록 어두운 회색으로 변하고 점모양으로 벗겨진다. 묵은 줄기는 대체적으로 밝은 회갈색이고 두꺼비 등처럼 매우 불규칙하게 갈라지며 갈라진 부분은 밝은 적갈색을 띤다.
Tip 적당한 수분을 좋아하니 너무 건조한 곳은 피하도록 한다.

물오리나무

Zone5

과명 Betulaceae 자작나무과
학명 *Alnus sibiricam* **성상** 낙엽활엽교목
관상포인트 묵은 줄기는 어두운 회색을 띠고 표면에 울퉁불퉁한 돌기가 있다. 돌기는 대체적으로 밝은 회갈색을 띤다.
Tip 채종 후 바로 파종하거나 이듬해 봄에 뿌려도 발아가 잘된다. 사방공사용으로 널리 이용되었다.

아라우카리아 아라우카나 Zone7

과명 Araucariaceae 아라우카리아과
학명 *Araucaria araucana* **성상** 상록침엽교목
관상포인트 어린 줄기 및 수피에는 물고기 비늘과 같이 생긴 가시잎이 달려있어 독특한 모양을 하고 있다. 오래된 나무의 경우 수피가 거북이 등껍질과 같은 형태로 나타난다.
Tip 칠레 및 아르헨티나 안데스 산맥에서 자라며, CITES(국제야생동식물거래협약)에 등재된 멸종위기나무 중 하나이다. 국내에서는 칠레소나무라고도 불린다.

멘지스딸기나무 Zone6

과명 Ericaceae 진달래과
학명 *Arbutus menziesii* **성상** 상록활엽소교목
관상포인트 성숙한 나무는 껍질이 벗겨지고 매끈하며 광택이 있다. 수피의 색깔은 초록빛, 은빛, 오렌지에 가까운 붉은 빛이 감돈다.
Tip 가뭄에 강하며, 자연 화재에 종자의 발아율이 높아진다.

등칡 Zone5

과명 Aristolochiaceae 쥐방울덩굴과
학명 *Aristolochia manshuriensis* **성상** 낙엽활엽덩굴
관상포인트 어린 줄기는 연두색에서 녹색이며, 묵은 줄기는 회백색 바탕의 갈색이다. 등나무와는 다르게 자라면서 수피에 코르크가 형성된다.
Tip 배수가 잘 되는 토양에서 생육이 양호하고 식재 시에는 울타리 또는 지지대가 필요하다.

망개나무

Zone5

과명 Rhamnaceae 갈매나무과

학명 *Berchemia berchemiifolia* **성상** 낙엽활엽교목

관상포인트 어린 줄기는 붉은색 바탕의 갈색으로 수피에 작은 껍질눈이 있으며, 겨울이면 더 붉게 물든다. 묵은 줄기는 회백색으로 자라면서 세로로 갈라진다.

Tip 내한성이 강하며, 단독으로 식재하거나 군락으로 식재하여도 좋다. 겨울 정원에 활용하면 좋은 식물이다.

중국흰자작나무

Zone5

과명 Betulaceae 자작나무과

학명 *Betula albosinensis* **성상** 낙엽활엽교목

관상포인트 어린 줄기에서는 갈색과 흰색이 공존하기도 하며 오래된 수피에서는 흰색이 강하게 나타나지만 껍질을 한번 벗겨내면 안에는 갈색의 수피가 나타나는 것을 볼 수 있다.

Tip 대부분의 토양에서 잘 자라지만, 배수가 좋은 곳에서는 더욱 잘 자란다. 자작나무과가 그렇듯이 군락으로 식재할 경우, 수피 색상으로 인해 경관성이 좋다.

어린줄기

묵은줄기

물박달나무

Zone4

과명 Betulaceae 자작나무과
학명 *Betula davurica* **성상** 낙엽활엽교목
관상포인트 햇줄기는 대체로 진한 밤색, 또는 갈색이고 흰 점이 박혀 있으며 다소 밋밋하다. 줄기는 오래될수록 밝은 갈색이 되었다가 회색으로 변하고 껍질은 긴 세로 모양으로 종잇장처럼 벗겨진다. 묵은 줄기는 생육 환경에 따라 밝은 황갈색을 띠기도 한다.
Tip 종자는 오래될수록 발아율이 떨어지므로 가을철 채종 후 바로 뿌리도록 한다. 저온에 30일 이상 노출해 발아를 촉진시키도록 한다.

수피

자작나무

Zone5

과명 Betulaceae 자작나무과
학명 *Betula platyphylla* var. *japonica*
성상 낙엽활엽교목
관상포인트 나무 껍질은 백색이고 종이 같이 옆으로 벗겨진다.
Tip 종자 채취를 하여 노천매장 하였다가 이듬해 파종한다. 파종 이후에는 종자가 건조하지 않도록 차광해야 한다.

수형

히말라야자작나무 ☼ ◑ Zone5

과명 Betulaceae 단풍나무과
학명 *Betula utilis* **성상** 낙엽활엽교목
관상포인트 줄기는 흰색이고 잎은 초록색이었다가 가을에 노란색으로 단풍이 든다. 둥근 원추형으로 자란다.
Tip 중부 이남의 따뜻한 지방에서는 생육이 원활하지 않다.

자크몽자작나무 ☼ ◑ Zone5

과명 Betulaceae 자작나무과
학명 *Betula utilis* var. *jacquemontii* **성상** 낙엽활엽교목
관상포인트 사진에서 보는 것과 같이 오래된 줄기에서는 아름다운 흰색의 겉껍질을 벗겨내면 안쪽으로 갈색과 초록색의 수피가 나타난다. 자작나무 중 가장 인기있고 대중적으로 널리 알려진 나무이다. 군식이 아니라, 독립으로 식재하여도 아름답다.
Tip 자작나무류는 가지치기가 거의 필요 없으나 필요하다면 휴면기(겨울철)에 실시하면 좋다. 병든 가지만 최소한으로 제거하는 것이 가장 효율적이다.

자크몽자작나무 '그레이우드 고스트' Zone4

과명 Betulaceae 자작나무과
학명 *Betula utilis* var. *jacquemontii* 'Grayswood Ghost'
성상 낙엽활엽교목
관상포인트 자작나무류 중에서도 가장 흰 수피를 가지고 있다. 사진에서 보듯이 수피를 얇게 한 겹 벗기면 노란색의 수피가 드러난다. 겨울철 수피도 아름답지만, 여름철 녹색의 잎과 흰색의 수피가 매우 대조적인 색상을 이루는 모습 또한 색다르다.
Tip 봄, 여름에 식재할 경우 몇 달 동안은 관수에 신경 써야 한다. 초기 건조 피해로 인해 나무가 고사할 확률이 높다.

자크몽자작나무 '실버 섀도우' Zone5

과명 Betulaceae 자작나무과
학명 *Betula utilis* var. *jacquemontii* 'Silver Shadow'
성상 낙엽활엽교목
관상포인트 줄기와 가지가 맑은 흰색이다. 원추형으로 자라며 자작나무 종류 중에는 키가 큰 편이다. 가을에 노란색으로 단풍이 든다. 꽃차례는 이른 봄 황색으로 달린다.

실거리나무 Zone7

과명 Fabaceae 콩과
학명 *Caesalpinia decapetala*
성상 낙엽활엽덩굴
관상포인트 어린 줄기는 녹색 또는 적갈색으로 갈퀴 모양에 예리한 가시가 산발적으로 붙어있다. 묵은 줄기는 어린 줄기보다는 둔탁한 형태의 가시가 있다.
Tip 건조한 토양을 좋아하며, 습기와 추위에 매우 약하다.

서어나무

Zone4

과명 Betulaceae 자작나무과

학명 *Carpinus laxiflora* **성상** 낙엽활엽교목

관상포인트 어린 줄기는 밝은 황갈색이고 털이 없으며 매끈하다. 묵은 줄기는 밝은 회녹색 또는 회갈색이고 근육처럼 세로로 깊은 골이 패여 있다. 표면은 세로로 회색의 줄무늬가 있다.

Tip 같은 속인 캐롤라이나서어나무(*C. caroliniana*)는 묵은 줄기의 생김새 때문에 근육나무(Musclewood)로 알려져 있다.

유럽밤나무

Zone4

과명 Fagaceae 참나무과

학명 *Castanea sativa* **성상** 낙엽활엽교목

관상포인트 줄기는 깊게 그물 모양으로 갈라지며 지름이 2m 이상으로 큰다.

Tip 열매는 식용, 장식용으로 쓰인다.

개오동 Zone4

과명 Bignoniaceae 능소화과
학명 *Catalpa ovata* **성상** 낙엽활엽교목
관상포인트 묵은 줄기는 어두운 회갈색을 띠고 비늘 모양으로 세로로 길게 벗겨진다.
Tip 종자번식이 쉬우며 채종 후 이듬해 바로 뿌리면 발아율이 좋은 편이다.

아틀라스개잎갈나무 '글라우카 펜둘라' Zone6

과명 Pinaceae 소나무과
학명 *Cedrus libani* ssp. *atlantica* 'Glauca Pendula'
성상 상록침엽교목
관상포인트 묵은 줄기는 다소 어두운 밤색을 띠고 소나무와 비슷하게 세로로 불규칙하게 갈라지며 갈라진 부분은 좀 더 어두운 색이다. 잎이 은청색이며 가지가 처진다.
Tip 시다(Cedrus) 종류는 대체적으로 배수가 잘 되거나 약간 건조한 토양을 좋아한다. 양지에 심어 기르도록 한다.

계수나무 Zone4

과명 Cercidiphyllaceae 계수나무과
학명 *Cercidiphyllum japonicum* **성상** 낙엽활엽교목
관상포인트 원줄기는 곧추 자라지만 굵은 가지가 많이 갈라지며, 회갈색으로 세로로 갈라져서 조각으로 떨어진다. 어린 가지는 마주 나고 동아는 자홍색이다. 아름다운 단풍과 달콤한 향을 풍기는 가을철 대표적인 식물.
Tip 더 아름다운 단풍을 보기 위해서는 토양을 산성화 하면 좋다.

박태기나무

☼ ◑ Zone5

과명 Fabaceae 콩과
학명 *Cercis chinensis* **성상** 낙엽활엽관목
관상포인트 어린 줄기와 묵은 줄기는 회색, 갈색으로 4월 하순경이 되면 수피에서 자주색의 꽃이 핀다. 어린 줄기에서 특히 많이 핀다.

Tip 비옥한 토양은 물론이고 척박한 토양, 춥고 건조한 토양에서도 잘 자란다. 환경 적응력이 상당이 우수하다.

묵은 줄기

모과나무

☼ Zone5

과명 Rosaceae 장미과

학명 *Chaenomeles sinensis* **성상** 낙엽활엽교목

관상포인트 1년생 가지는 밝은 갈색으로 다소 굵고 묵을수록 어두운 녹색으로 되어 불규칙하고 넓게 벗겨진다. 벗겨진 부분은 밝은 회녹색을 띤다.

Tip 가을에 종자를 채집하여 직파하면 발아율이 높은 편이다.

햇줄기

흰말채나무

☼ ◐ Zone3

과명 Cornaceae 층층나무과

학명 *Cornus alba* **성상** 낙엽활엽관목

관상포인트 일년생 줄기는 붉은색을 띤다. 잎은 진한 초록색으로 가을에는 붉은색으로 단풍이 든다. 꽃은 늦봄과 여름 사이에 흰색으로 피고 열매는 가을에 흰색으로 달린다.

Tip 일년생 줄기가 색이 좋아 매년 전정하는 것이 좋다. 열매가 흰색으로 달려서 '흰말채나무'로 불린다.

층층나무

Zone5

과명 Cornaceae 층층나무과

학명 *Cornus controversa* **성상** 낙엽활엽교목

관상포인트 1년생 가지는 밝은 붉은빛이 돌며 다소 매끈하고 묵을수록 어두운 빛이 돈다. 묵은 줄기는 밝은 황회색이고 다이아몬드 모양으로 다소 깊게 패이며 패인 부분은 밝은 황적색이다.

Tip 겨울철에 1년생 가지가 붉은색을 띤다. 종자는 2년 발아되고, 나방류가 주로 잎을 식해하므로 주의하여야 한다.

산딸나무

Zone5

과명 Cornaceae 층층나무과

학명 *Cornus kousa* **성상** 낙엽활엽교목

관상포인트 어린 줄기는 대체적으로 밝은 황적색을 띠고 매끈하며 때로는 윤기가 돌기도 한다. 묵은 줄기는 어두운 회백색을 띠고 비늘모양으로 불규칙하게 벗겨진다. 벗겨진 부분은 황회색을 띤다.

Tip 종자는 건조하면 발아율이 떨어지므로 채종 후 바로 뿌리도록 한다.

산수유 ☼ Zone5

과명 Cornaceae 층층나무과

학명 *Cornus officinalis* **성상** 낙엽활엽교목

관상포인트 나무 껍질은 벗겨지고 연한 갈색이고 줄기는 처음에는 짧은 털이 있으나 떨어지며 분록색이 돈다. 꽃은 3~4월에 잎보다 먼저 피고 노란색이다. 열매는 긴 타원형으로 진주홍색으로 익으며 겨울 내내 붙어 있다.

Tip 정원수 및 유실수로 많이 심는다.

노랑말채나무 플라비라메아 ☼ ◐ Zone3

과명 Cornaceae 층층나무과

학명 *Cornus sericea* 'Flaviramea' **성상** 낙엽활엽관목

관상포인트 줄기는 노란색이며 잎은 봄과 여름에는 초록색이고 가을에는 붉은색 단풍이 든다. 꽃은 늦봄과 여름 사이에 흰색으로 핀다.

Tip 일년생 줄기가 색이 좋아 매년 전정하는 것이 좋다.

말채나무

Zone5

과명 Cornaceae 층층나무과
학명 *Cornus walteri* **성상** 낙엽활엽교목
관상포인트 나무 껍질은 그물처럼 갈라지며 흑갈색이고 줄기에 털이 있으나 점차 없어진다. 꽃은 흰색으로 6월에 개화한다.
Tip 꽃과 열매가 아름다워 다양하게 이용할 수 있다.

히어리

Zone5

과명 Hamamelidaceae 조록나무과
학명 *Corylopsis gotoana* var. *coreana*
성상 낙엽활엽관목
관상포인트 어린 줄기는 황갈색이며, 묵은 줄기는 회백색으로 여러 줄기가 모여서 자란다.
Tip 군락으로 심기보다는 단독으로 심는 것이 적합하고 비옥한 사질양토에서 생육이 양호하다.

산사나무

Zone5

과명 Rosaceae 장미과
학명 *Crataegus pinnatifida* **성상** 낙엽활엽교목
관상포인트 1년생 가지는 밝은 황적색을 띠고 작은 흰 점과 가시가 있으며 매끈하여 윤기가 돈다. 줄기는 묵을수록 밝은 황갈색으로 변하고 두꺼운 종이처럼 세로로 불규칙하게 벗겨진다. 벗겨진 부분은 다소 짙은 적색을 띤다.
Tip 파종하여 번식 하는 것이 유리한데 채종 후 바로 뿌리면 발아율이 좋다. 양지에 기르는 것이 생육에 유리하다.

팥꽃나무

Zone5

과명 Thymelaeaceae 팥꽃나무과
학명 *Daphne genkwa* **성상** 낙엽활엽관목
관상포인트 황갈색의 줄기는 작은 털로 덮여 있다. 겨울이 되면 어린 줄기는 밝은 황색으로 변한다.
Tip 이른 봄에 개화하는 보라색 꽃도 관상적 가치가 매우 우수하다.

삼지닥나무

Zone7

과명 Thymelaeaceae 팥꽃나무과
학명 *Edgeworthia chrysantha* **성상** 낙엽활엽관목
관상포인트 어린 줄기는 황갈색으로 묵은 줄기에서 3개로 나누어 자란다. 묵은 줄기는 짙은 황갈색으로 추워지면 색이 더 선명해진다.
Tip 묵은 줄기 아래에서 자라는 어린 줄기를 뿌리와 같이 포기나누기 하면 쉽게 번식할 수 있다. 추위에 약하다.

코키페라유카리

Zone7

과명 Myrtaceae 도금양과
학명 *Eucalyptus coccifera* **성상** 상록활엽교목
관상포인트 회색 바탕의 연한 갈색 줄무늬가 나타난다. 오래된 나무의 경우 대부분 회색빛의 매끈한 질감을 가지고 있다. 어린 줄기의 경우에 갈색을 띄고 있다.
Tip 어린잎은 주로 꽃꽂이용으로도 사용한다. 잎의 박하 향기가 좋다.

글라우케스켄스유카리

☼ Zone8

과명 Myrtaceae 도금양과

학명 *Eucalyptus glaucescens* **성상** 상록활엽교목

관상포인트 줄기는 벗겨지며 회색에서 흰색으로 매끈하다.

루비다유카리

☼ ◐ Zone8

과명 Myrtaceae 도금양과

학명 *Eucalyptus rubida* **성상** 상록활엽교목

관상포인트 수피는 붉은색과 회색이 같이 있다가 오래된 나무의 경우에는 매끄러운 흰색에 가까운 형태가 된다. 어린 줄기에서는 붉은색이나 주황색을 띠고 있다.

Tip 봄과 여름 사이 새로 나온 줄기가 붉은색으로 나타나 정원에 독특한 느낌을 줄 수 있다.

쉬나무

Zone4

과명 Rutaceae 운향과
학명 *Euodia daniellii* **성상** 낙엽활엽교목
관상포인트 어린 줄기는 회갈색으로 잔털이 있으며, 점차 붉은 갈색의 껍질 반점이 생겨난다.
Tip 열매는 호롱불을 밝히는 기름의 주원료이다. 밀원식물로 많이 활용되며, 나무의 다양한 부분을 한약 재료로 이용하기도 한다.

화살나무

Zone4

과명 Celastraceae 노박덩굴과
학명 *Euonymus alatus* **성상** 낙엽활엽관목
관상포인트 1년생 가지는 밝은 갈색 또는 짙은 녹색을 띠고 다소 밋밋하여 매끈하다. 줄기는 묵을수록 코르크질의 날개가 생긴다. 줄기에 붙은 날개 때문에 '화살나무'라는 이름이 붙어졌다.

너도밤나무

Zone5

과명 Fagaceae 참나무과
학명 *Fagus engleriana* **성상** 낙엽활엽교목
관상포인트 나무 껍질은 회백색이며 평활하다. 일년생 가지에 털이 있고 이년생 가지는 회갈색이다.
Tip 세계적인 주요 조림수종이다. 공중 습도가 높고 서늘한 곳에 생육 적지다.

유럽너도밤나무 '다윅 골드' ☼ Zone5

과명 Fagaceae 참나무과
학명 *Fagus sylvatica* 'Dawyck Gold' **성상** 낙엽활엽교목
관상포인트 어린 줄기는 황색으로 기온이 내려가면 선명해진다. 묵은 줄기는 회백색으로 곧게 자란다. 잎은 황금색이며 수형은 원추형이다.
Tip 단독으로 심거나 군락으로 심기에 적합하다. 공간만 여유가 있다면 넓은 면적의 수벽으로 식재해도 좋다.

벽오동 ☼ ◐ Zone7

과명 Sterculiaceae 벽오동과
학명 *Firmiana simplex* **성상** 낙엽활엽교목
관상포인트 줄기는 성숙하면서 청록색으로 평활하며 갈라지지 않는다.
Tip 이식력이 약해 잔뿌리를 발달시켜 이식하는 것이 좋다. 내공해성이 강하다.

들메나무 ☼ Zone3

과명 Oleaceae 물푸레나무과
학명 *Fraxinus mandshurica* **성상** 낙엽활엽교목
관상포인트 수피는 세로로 약간 골이 졌으며 일년생 가지는 녹갈색이다.
Tip 맹아력이 강하다.

물푸레나무

☼ ☀ Zone5

과명 Oleaceae 물푸레나무과

학명 *Fraxinus rhynchophylla* **성상** 낙엽활엽교목

관상포인트 1년생 가지는 밝은 회색이고 묵을수록 어둡게 변한다. 묵은 줄기는 띠 모양의 밝은 회색 테두리가 불규칙하게 관찰된다.

Tip 가을철 성숙한 종자를 채집하여 바로 파종하면 발아율이 좋다.

은행나무

☼ Zone5

과명 Ginkgoaceae 은행나무과
학명 *Ginkgo biloba* **성상** 낙엽활엽교목
관상포인트 햇줄기는 다소 밝은 회색이고 묵을수록 어둡게 변하며 세로로 골이 패인다.

Tip 전지에 강해 가로수로 널리 쓰이며, 이른 봄철 강전정을 하면 원하는 수형을 얻을 수 있다.

헛개나무

☼ ☀ Zone5

과명 Rhamnaceae 갈매나무과
학명 *Hovenia dulcis* **성상** 낙엽활엽교목
관상포인트 수피는 검은 갈색으로 세로로 갈라진다. 열매는 둥글고 갈색이며 3실로 각각 1개의 종자가 들어 있다.
Tip 열매자루는 달기 때문에 식용으로 하고 과주를 담그기도 하며 약용으로 주독을 제거하는 효능이 있다.

흑호두나무

☼ ☀ Zone4

과명 Juglandaceae 가래나무과
학명 *Juglans nigra* **성상** 낙엽활엽교목
관상포인트 수피색이 진한 회색에 가깝고 보통 세로로 갈라지거나 오래된 나무의 경우 다이아몬드 패턴으로 갈라지는 것이 특징이다.
Tip 배수가 잘되는 습한 곳에서도 잘 자란다.

음나무

☼ ◑ Zone4

과명 Araliaceae 두릅나무과
학명 *Kalopanax septemlobus* **성상** 낙엽활엽교목
관상포인트 어린 가지는 가시가 많다. 성목이 되면 줄기의 가시는 떨어지며, 회갈색으로 불규칙하게 세로로 갈라진다.
Tip 어릴 때는 내음성이 강해 나무 밑에서도 생육하나 성장하면서 빛을 요구한다.

묵은 줄기

어린 가지

적피배롱나무 '타운하우스'

☼ Zone7

과명 Lythraceae 부처꽃과
학명 *Lagerstroemia fauriei* 'Townhouse' **성상** 낙엽활엽교목
관상포인트 수피는 어두운 붉은 갈색이며 얇은 조각으로 벗겨져서 마치 보디빌더의 근육을 연상하게 한다.
Tip 그 해 새로 난 가지를 이용하여 여름철 삽목을 하면 성공 확률이 높다.

풍나무

☼ Zone6

과명 Hamamelidaceae 조록나무과

학명 *Liquidambar formosana* **성상** 낙엽활엽교목

관상포인트 보통 수피는 회색에 세로 줄무늬가 나는 것이 특징이나, 아주 오래된 나무의 경우는 사진에서 보는 것과 같이 회색 바탕에 줄무늬가 없어지고 반들반들한 수피로 나타난다. 가을철 단풍이 아름답다.

Tip 습기가 있고 비옥한 토양에서 잘자라며, 알카리성 토양은 피한다.

올괴불나무

☼ ◐ Zone4

과명 Caprifoliaceae 인동과

학명 *Lonicera praeflorens* **성상** 낙엽활엽관목

관상포인트 1년생 줄기는 밝은 갈색이고 흑색 반점이 있으며 묵을수록 종잇장처럼 불규칙하게 벗겨진다. 벗겨진 부분은 밝은 황갈색을 띤다.

Tip 성숙한 열매를 채종하자마자 과피를 벗겨 파종하면 가을에 발아된다. 발아율이 높은 편이다. 양지에 기를수록 수세가 왕성하다.

황목련

☼ ☀ Zone3

과명 Magnoliaceae 목련과
학명 *Magnolia acuminata* **성상** 낙엽활엽교목
관상포인트 회백색의 묵은 줄기는 위에서 아래로 갈라진다. 두꺼운 수피는 감나무로 오인할 수도 있다.
Tip 군락으로 심기보다는 단독으로 심기를 추천한다. 원추형의 수형이 돋보인다.

합다리나무

☼ ☀ Zone8

과명 Sabiaceae 나도밤나무과
학명 *Meliosma oldhamii* **성상** 낙엽활엽교목
관상포인트 어린 가지는 황갈색으로 털이 있다. 줄기는 회색에서 회갈색으로 매끈하다.
Tip 어린순은 식용으로 가능하다.

메타세쿼이아

Zone5

과명 Cupuressaceae 측백나무과
학명 *Metasequoia glyptostroboidesa* **성상** 낙엽침엽교목
관상포인트 묵은 줄기는 밝은 회갈색 혹은 황갈색을 띠고 세로로 얇게 종잇장처럼 벗겨진다. 벗겨진 부분은 보통 갈색 계통의 색을 띤다.
Tip 생장이 빨라 조림수로 유용하고 가로수로도 널리 쓰인다. 전라남도 담양의 메타세쿼이아 길이 유명하다.

버지니아새우나무

Zone5

과명 Betulaceae 자작나무과
학명 *Ostrya virginiana* **성상** 낙엽활엽교목
관상포인트 줄기는 갈색이며, 수피는 세로로 갈라지면서 오래된 수피는 자작나무처럼 벗겨진다.

파로티아 페르시카

☼ ☀ Zone4

과명 Hamanelidaceae 조록나무과
학명 *Parrotia persica* **성상** 낙엽활엽교목
관상포인트 전체적으로 녹색을 띠며 조각으로 벗겨진 부분은 흰색, 황갈색을 띤다. 가을에 황색, 주항색, 적색으로 단풍이 든다.

묵은 줄기

햇가지

독일가문비

☼ Zone3

과명 Pinaceae 소나무과
학명 *Picea abies* **성상** 상록침엽교목
관상포인트 어린 줄기는 대체적으로 밝은 회색이고 잎이 떨어진 흔적이 관찰된다. 묵을수록 어두운 회색으로 변한다. 오래된 줄기는 다소 밝은 회색을 띠고 불규칙한 모양으로 두껍게 벗겨진다. 벗겨진 부분은 밝은 적색을 띤다.
Tip 어릴 때는 내음성이 강해 나무 밑에서도 생육하나 성장하면서 빛을 요구한다.

브루어가문비나무

☼ Zone6

과명 Pinaceae 소나무과

학명 *Picea breweriana* **성상** 상록침엽교목

관상포인트 수피는 진한 회갈색으로 어릴 때는 가문비 나무와 같이 전형적으로 비늘과 같은 형태로 갈라진다. 주로 가지가 처지는 형태를 감상하는 나무로 심어진다.

Tip 습하지만 배수가 잘되는 산성토양에서 잘 자란다.

소태나무

☼ ◐ Zone5

과명 Simaroubaceae 소태나무과

학명 *Picrasma quassioides* **성상** 낙엽활엽교목

관상포인트 수피는 주로 적갈색을 띠고 세로로 갈라진다. 수피, 가지, 잎 등에서 쓴맛이 난다. '소태처럼 매우 쓴 맛이 나는 나무'라는 의미를 지녔다.

백송

☼ Zone4

과명 Pinaceae 소나무과
학명 *Pinus bungeana* **성상** 상록침엽교목
관상포인트 어린 줄기는 대체적으로 밝은 회색이고 울퉁불퉁한 돌기가 나 있으며 묵을수록 어두운 회색으로 변한다. 오래된 줄기는 밝은 적녹색 또는 회녹색을 띠고 껍질은 불규칙한 곡선 모양으로 벗겨지거나 때로는 종잇장처럼 돌돌 말리기도 한다.
Tip 이식에 약하고 오래될수록 수세가 약해지는 경향이 있다.

소나무

☼ Zone3

과명 Pinaceae 소나무과
학명 *Pinus densiflora* **성상** 상록침엽교목
관상포인트 묵은 줄기는 대체적으로 적갈색이고 오래될수록 흑갈색으로 변하며 껍질은 불규칙한 비늘 모양으로 다소 두껍게 벗겨진다.
Tip 단독으로 심거나 군락으로 식어도 모두 어울리나 공해에는 약한 편이다.

리기다소나무

☼ Zone4

과명 Pinaceae 소나무과
학명 *Pinus rigida* **성상** 상록침엽교목
관상포인트 묵은 줄기는 다소 어두운 회갈색을 띠고 비늘 모양으로 두껍게 갈라져 벗겨진다. 갈라진 부분은 밝은 황갈색을 띤다.
Tip 조림용으로 널리 쓰였고, 소나무와 다르게 줄기 중간에 잎이 나기도 한다.

스트로브잣나무

☼ Zone3

과명 Pinaceae 소나무과
학명 *Pinus strobus* **성상** 상록침엽교목
관상포인트 어린 가지는 회녹색이고 다소 밋밋하며 오래될수록 회갈색으로 변하며 깊게 갈라지기도 한다. 묵은 줄기는 수피에 하얀 반점 같은 돌기가 나 있다.
Tip 차폐용 조림수로 적합하다.

구주소나무

☼ Zone5

과명 Pinaceae 소나무과
학명 *Pinus sylvestris* **성상** 상록침엽교목

관상포인트 묵은 줄기는 황적색으로 관상적 가치가 매우 높다.
Tip 주로 조림용으로 식재한다.

잣나무

☼ Zone4

과명 Pinaceae 소나무과
학명 *Pinus koraiensis* **성상** 상록침엽교목
관상포인트 어린 가지는 밝은 회갈색이고 다소 울퉁불퉁하다. 묵은 줄기는 어두운 적갈색으로 비늘 모양으로 벗겨진다.
Tip 생장속도가 비교적 빠른 침엽수로 군락으로 심기에 적합하다. 설경이 매우 아름다운 수종이다.

양버즘나무

☼ Zone4

과명 Platanaceae 버즘나무과
학명 *Platanus occidentalis* **성상** 낙엽활엽교목
관상포인트 햇줄기는 밝은 적갈색이고 표면은 밋밋하여 매끈하며 오래될수록 회녹색으로 변한다. 묵은 줄기는 대체적으로 밝은 회녹색을 띠고 껍질은 비늘 모양으로 불규칙하고 두껍게 벗겨진다. 품종에 따라서는 묵은 줄기가 밝은 회백색을 띠는 것도 있다.
Tip 전정에 매우 강하고 도장지 발생이 쉽다. 양지에 길러야 수피색이 잘 발현된다.

귀룽나무

☼ Zone3

과명 Rosaceae 장미과
학명 *Prunus padus* **성상** 낙엽활엽교목
관상포인트 어린 줄기는 다소 밝은 회색을 띠고 묵을수록 어두운 회색으로 변한다. 껍질은 다소 밋밋하고 오래될수록 불규칙한 비늘 모양으로 두껍게 갈라진다. 갈라진 부분은 밝은 황갈색을 띤다.
Tip 여름철 성숙한 종자를 채집해 과육을 제거하여 바로 뿌리도록 한다. 2년 후 발아한다. 반녹지삽으로 증식이 가능하나 발근율은 그리 높지 않다.

벚나무 '스파이어'

Zone5

과명 Rosaceae 장미과

학명 *Prunus* 'Spire' **성상** 낙엽활엽교목

관상포인트 회갈색의 줄기는 곧게 자라며, 부채꼴 모양의 수형이 인상적이다.

Tip 군락(열식)식재로 활용하여도 좋지만 단독식재하면 더욱 매력적이다.

왕벚나무

Zone5

과명 Rosaceae 장미과

학명 *Prunus yedoensis* **성상** 낙엽활엽교목

관상포인트 어린 줄기에는 털이 있다가 없어지고 밝은 회갈색이다. 묵은 줄기는 밝은 회갈색을 띠고 가로로 불규칙하게 가늘고 짧은 띠 모양의 돌기가 있다. 수피는 세로로 다이아몬드 모양으로 갈라지기도 한다.

Tip 이른봄 남쪽 방향의 굵은 줄기가 터지기도 하므로 대비를 하는 것이 좋다.

미송

☼ Zone4

과명 Pinaceae 소나무과
학명 *Pseudotsuga menziesii*
성상 상록침엽교목
관상포인트 어린 나무의 수피는 얇은 회색에 부드러운 형태이지만, 오래된 나무의 경우 껍질이 두껍고 코르크 마개 질감과 같이 된다.
Tip 주로 목재 생산용으로 많이 쓰이는 나무이다.

돌배나무

☼ Zone5

과명 Rosaceae 장미과
학명 *Pyrus pyrifolia* **성상** 낙엽활엽교목
관상포인트 묵은 줄기는 대체적으로 밝은 황회색을 띠고 네모난 비늘 모양으로 다소 두껍게 벗겨진다. 벗겨진 부분은 황갈색을 띤다.
Tip 종자번식이 쉬우며, 채종 후 과육을 제거하여 노천에 매장한 뒤 이듬해 봄에 뿌리도록 한다.

산돌배

☼ Zone4

과명 Rosaceae 장미과
학명 *Pyrus ussuriensis* **성상** 낙엽활엽교목
관상포인트 수피는 흑갈색으로 잘게 갈라진다.
Tip 하얀꽃과 수형이 아름답다.

대백두견(大白杜)*

☼ ☀ Zone7

*중국명

과명 Ericaceae 진달래과
학명 *Rhododendron decorum* **성상** 상록활엽관목
관상포인트 수피는 밝고 연한 갈색을 나타내고 있으나 실제 사진의 나무는 수십 년이 된 오래된 상태이고, 어린 나무의 줄기는 대부분 진한 갈색이다. 주로 만병초 품종은 꽃의 관상가치가 높고 잎이 상록성으로 추운 겨울에 빨대 대롱처럼 잎을 마는 특징이 있다.
Tip 대부분의 진달래과 식물이 산성토양에서 잘 자라며 토양 개량을 위해서는 주로 피트모스를 이용한다.

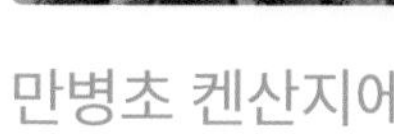

만병초 켄산지에

Zone7

과명 Ericaceae 진달래과

학명 *Rhododendron kesangiae* **성상** 상록활엽관목

관상포인트 수피는 진한 갈색으로 세로로 벗겨지는 형태를 하고 있다. 주로 보라색 꽃을 감상한다. 부탄에서 서식하는 나무로 주로 고산지대에서 자란다. 부탄의 여왕 이름을 따서 이름을 지었다고 한다.

Tip 고산성 식물의 경우 여름철 고온다습으로 인해 고사하는 경우가 많다. 여름철 관리에 주의해야 한다.

아까시나무

Zone5

과명 Fabaceae 콩과

학명 *Robinia pseudoacacia* **성상** 낙엽활엽교목

관상포인트 묵은 줄기는 황갈색이며, 거목으로 자라면서 수피가 깊게 갈라진다. 묵은 줄기의 가시는 자라면서 서서히 없어진다.

Tip 대표적인 밀원식물이다. 어린 나무부터 한가지 키우기로 전정이 필요하다.

곰딸기

☼ Zone5

과명 Rosaceae 장미과
학명 *Rubus phoenicolasius* **성상** 낙엽활엽관목
관상포인트 적자색의 가시가 드문드문 있으며 적색 솜털이 밀생한다.
Tip 열매는 둥글며 여름에 홍색으로 익고 식용 가능하다.

버드나무

☼ ◐ Zone4

과명 Salicaceae 버드나무과
학명 *Salix koreensis* **성상** 낙엽활엽교목
관상포인트 1년생 줄기는 밝은 황녹색으로 매끈하고 묵을수록 어두운 백색 또는 회색으로 변한다.묵은 줄기는 세로로 길게 홈이 패여 갈라지며 때로는 종잇장처럼 벗겨지기도 한다.
Tip 이른 봄철부터 장마철까지 증식이 가능하고 습지와 건조지 모두 생육이 가능하다.

용버들

☼ ◑ Zone4

과명 Salicaceae 버드나무과
학명 *Salix matsudana* f. *tortuosa* **성상** 낙엽활엽관목
관상포인트 1년생 줄기는 어두운 황녹색으로 표면은 매끈하여 윤기가 돌고 불규칙하게 굽어 있다. 줄기는 묵을수록 어두운 회색을 띤다.
Tip 삽목이 매우 쉽다. 이른 봄 전년지를 20cm 정도 잘라 삽목하도록 한다.

사람주나무 Zone7

과명 Euphorbiaceae 대극과
학명 *Sapium japonicum* **성상** 낙엽활엽소교목
관상포인트 줄기는 녹회백색이며 얇게 갈라진다.
Tip 가지를 자르면 흰 유액이 나온다. 이식이 용이하다.

세쿼이아 셈페르비렌스 Zone8

과명 Cupressaceae 측백나무과
학명 *Sequoia sempervirens* **성상** 상록침엽교목
관상포인트 줄기는 붉은색이며 세로로 깊이 갈라진다.

세쿼이아 셈페르비렌스 '아드프레사' Zone7

과명 Cupressacea 측백나무과
학명 *Sequoia sempervirens* 'Adpressa'
성상 상록침엽교목
관상포인트 묵은 줄기는 밝은 갈색 또는 회갈색이고 세로로 두껍게 갈라진다. 수피는 세로로 짧거나 길게 갈라져 벗겨진다.
Tip 세쿼이아 속은 대체적으로 배수가 양호하고 햇빛이 좋은 곳에 길러야 한다.

거삼나무

Zone6

과명 Cupressaceae 측백나무과
학명 *Sequoiadendron giganteum* **성상** 상록침엽교목
관상포인트 수피는 두껍고 붉은 적갈색 형태로 자라며, 오래된 나무의 경우 세로로 깊은 골이 나타난다. 나무 전체가 잎으로 둘러싸여 있어 멀리서는 수피가 잘 보이지 않으나 가지 안쪽에서 보는 수피의 모습은 색다른 모습을 연출한다.
Tip 습기가 있고 배수가 잘되는 모래 토양에서 잘 자란다. 건조에 약하다.

마가목

Zone5

과명 Rosaceae 장미과
학명 *Sorbus commixta* **성상** 낙엽활엽관목
관상포인트 줄기는 황갈색으로 평활하다.
Tip 가을철 주황색의 열매는 감상용으로 심어도 좋다.

묵은 줄기

큰일본노각나무

☼ Zone5

과명 Theaceae 차나무과
학명 *Stewartia monadelpha* **성상** 낙엽활엽교목
관상포인트 햇줄기는 어두운 갈색이고 표면은 짧은 털이 있으며 묵을수록 연한 갈색으로 변하고 털은 없어진다. 오래된 줄기는 황녹색 또는 회녹색으로 변하고 매끈한 편이나 불규칙하게 갈라져 얇게 벗겨지기도 한다.
Tip 줄기 감상을 위해 군락으로 식재하거나 단독으로 식재하도록 한다.

햇가지

노각나무

☼ ☀ Zone5

과명 Theaceae 차나무과

학명 *Stewartia pseudocamellia* **성상** 낙엽활엽교목

관상포인트 1년생 가지는 어두운 적갈색이고 털이 없으며 다소 거칠다. 줄기는 오래될수록 밝은 녹색으로 변하여 비늘 모양으로 불규칙하게 벗겨지고 다소 매끈하다. 벗겨진 줄기는 밝은 황갈색을 띤다.

Tip 한국 특산식물이며 줄기의 매끈한 모양과 색상이 아름다워 독립수로 적합하다. 양지에서 잘 자라나 생육 조건에 따라 반음지에서도 잘 자란다.

노각나무 헨리에

Zone5

과명 Theaceae 차나무과

학명 *Stewartia* x *henryae* **성상** 낙엽활엽교목

관상포인트 묵은 줄기는 황적색이며, 표피가 벗겨진 속은 회백색이다. 겨울철에는 줄기 전체가 황금빛으로 관상적 가치가 매우 높다.

Tip 군락으로 심거나 단독으로 심어도 좋다.

낙우송

Zone5

과명 Taxodiaceae 낙우송과

학명 *Taxodium distichum* **성상** 낙엽침엽교목

관상포인트 묵은 줄기는 적갈색으로 수피가 세로로 갈라지면서 벗겨진다. 수피의 관상 가치보다는 줄기의 배열이 인상적이다.

Tip 군락으로 심거나 단독으로 심어도 좋다. 연못 가장자리나 얇은 수심의 연못 중앙에 식재하여도 좋다.

테스라센트론 시넨스

Zone6

과명 Trochodendraceae 수레나무과

학명 *Tetracentron sinense* **성상** 낙엽활엽교목

관상포인트 어린 줄기는 붉은색을 띄고 오래된 나무 수피는 밝은 회색의 매끈한 형태다. 가을의 붉은 단풍이 아름답다. CITES(멸종위기에 처한 동.식물 교역에 관한 국제협약)에 등록된 식물이다.

Tip 반음지에서 잘 자라며 덥고 습한 지역에서는 잘 자라기 어렵다.

투야 플리카타

Zone5

과명 Cupressaceae 측백나무과

학명 *Thuja plicata* **성상** 상록침엽교목

관상포인트 수피 색은 적갈색에 섬유질로 되어 있어 세로로 쉽게 벗겨진다. 키가 크며 수형은 피침형이다.

Tip 속성수이고, 습기가 많고 배수가 잘되는 지역에서 잘 자란다.

참중나무

Zone5

과명 Meliaceae 멀구슬나무과
학명 *Cedrela sinensis* **성상** 낙엽활엽교목
관상포인트 묵은 줄기는 회백색으로 다간으로 올라와 타원형으로 자란다.
Tip 군락으로 심어도 좋지만 단독으로 식재하면 돋보인다.

느릅나무

Zone3

과명 Ulmaceae 느릅나무과
학명 *Ulmus davidiana* var. *japonica* **성상** 낙엽활엽교목
관상포인트 줄기는 암갈색으로 세로로 갈라진다. 원줄기는 곧게 자라고 많은 가지가 생긴다.
Tip 나무의 둥근 수형이 좋아 정원수, 가로수로 이용된다.

왕느릅나무

Zone4

과명 Ulmaceae 느릅나무과
학명 *Ulmus macrocarpa* **성상** 낙엽활엽교목
관상포인트 어린 가지에 코르크질의 날개가 있으며, 줄기는 회흑색으로 얕게 세로로 갈라진다.
Tip 밀원수로 이용된다.

비술나무

Zone4

과명 Ulmaceae 느릅나무과
학명 *Ulmus pumila* **성상** 낙엽활엽교목
관상포인트 햇줄기는 대체적으로 흰색에 가까운 회색으로 다소 밋밋하다. 줄기는 오래될수록 어두운 회색으로 변하고 세로로 다소 깊게 홈이 패이며, 껍질 부분은 네모난 비늘 모양으로 갈라진다.
Tip 이른 봄철 삽목 번식이 가능하다. 겨울철 주지(主枝)를 포함한 굵은 줄기는 색이 검고 어린 줄기는 색이 밝아 대비를 이루며 멀리서도 육안으로 식별이 가능하다.

느티나무

Zone5

과명 Ulmaceae 느릅나무과
학명 *Zelkova serrata* **성상** 낙엽활엽교목
관상포인트 줄기는 오래될수록 어두운 갈색을 띠고 표면에 점 또는 가로로 줄모양의 돌기가 있다가 밝은 회갈색으로 변해 비늘처럼 두껍게 벗겨진다. 벗겨진 부분은 밝은 황갈색을 띤다.
Tip 이식 후 활착율이 나쁜 편은 아니나 생육기에는 피하는 것이 좋다. 파종으로 번식이 용이하고 채종 후 즉시 파종하도록 한다.

Plant Hardiness Zone

식물 내한성 구역이란?

식물 내한성 구역Plant Hardiness Zone이란 미국농무부USDA에서 만든 식물의 내한성 강도를 나타내는 지표다. 미국농무부는 이 내한성 강도를 구역zone1에서 구역13까지 나누었고 각 구역을 다시 a와 b로 나누었다.

식물 내한성 구역 지표의 중요성

식물에게 내한성이란 다음 해 생존을 위한 가장 중요한 환경 요인이기 때문에 식물의 내한성은 어떤 장소에 식물을 식재하기 전, 최우선으로 고려해야 한다. 세계 여러 나라에서는 이러한 중요성을 인식하고 미국농무부가 만든 식물 내한성 구역 등급을 기준으로 지도를 만들고 있다. 식물 내한성 구역 지도에서 내한성 강도는 그 등급에 맞는 고유의 색으로 표시되어 그 지역의 평균 최저 온도는 몇 도(°C)까지 떨어지는지 알기 쉽게 보여준다.

USDA Plant Hardiness Zone 등급표

등급		온도범위	
		°C	°F
1	a	-51.1 ~ -48.3	-60 ~ -55
	b	-48.3 ~ -45.6	-55 ~ -50
2	a	-45.6 ~ -42.8	-50 ~ -45
	b	-42.8 ~ -40	-45 ~ -40
3	a	-40 ~ -37.2	-40 ~ -35
	b	-37.2 ~ -34.4	-35 ~ -30
4	a	-34.4 ~ -31.7	-30 ~ -25
	b	-31.7 ~ -28.9	-25 ~ -20
5	a	-28.9 ~ -26.1	-20 ~ -15
	b	-26.1 ~ -23.3	-15 ~ -10
6	a	-23.3 ~ -20.6	-10 ~ -5
	b	-20.6 ~ -17.8	-5 ~ -0
7	a	-17.8 ~ -15	0 ~ 5
	b	-15 ~ -12.2	5 ~ 10
8	a	-12.2 ~ -9.4	10 ~ 15
	b	-9.4 ~ -6.7	15 ~ 20
9	a	-6.7 ~ -3.9	20 ~ 25
	b	-3.9 ~ -1.1	25 ~ 30
10	a	-1.1 ~ 1.7	30 ~ 35
	b	1.7 ~ 4.4	35 ~ 40
11	a	4.4 ~ 7.2	40 ~ 45
	b	7.2 ~ 10	45 ~ 50
12	a	10 ~ 12.8	50 ~ 55
	b	12.8 ~ 15.6	55 ~ 60
13	a	15.6 ~ 18.3	60 ~ 65
	b	18.3 ~ 21.1	65 ~ 70

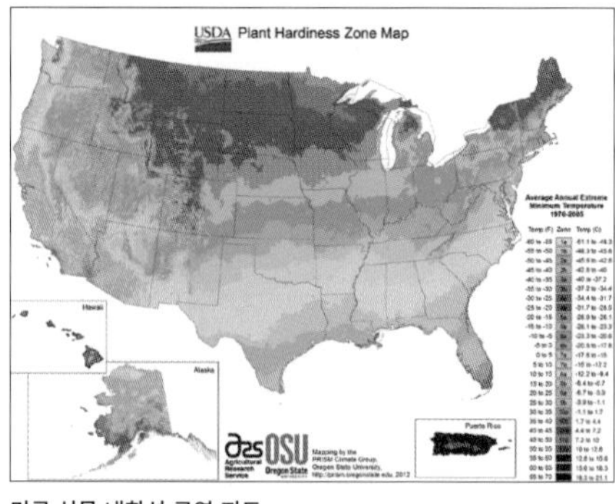

미국 식물 내한성 구역 지도
(출처: http://planthardiness.ars.usda.gov/PHZMWeb/Default.aspx)

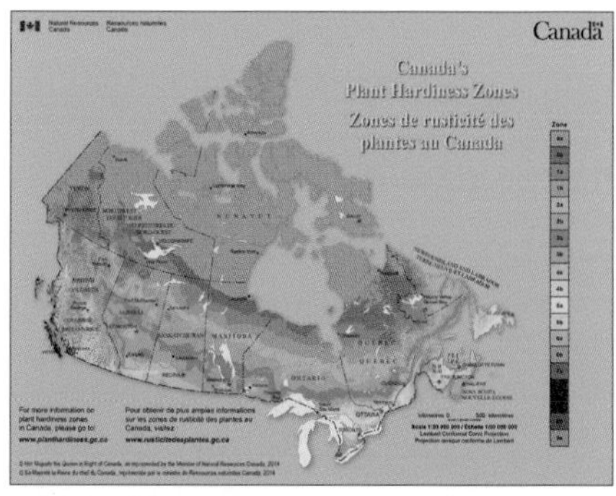

캐나다 식물 내한성 구역 지도 (출처: http://planthardiness.gc.ca/)

식물 내한성 구역 지표 활용 방법

이 책에서는 식물 내한성 구역을 USDA 내한성 구역 지표 기준인 13등급을 사용하여 각 시 ·군 별로 나열하였으며 기준이 되는 각각의 등급을 a와 b로 나누었다. 이 표를 이용하여 책에 나와 있는 식물의 내한성 등급이 심고자 하는 지역의 내한성 구역과 맞는지 확인 한 다음 식물을 식재 한다면 동해 피해를 최소한으로 줄일 수 있다. 또한 각 지역에 최저 온도 극값 1~5위까지를 포함 하였다. 그 값의 평균과 비교하여 본인이 거주하는 지역의 가장 추웠던 온도를 알아 매년 대비하는 것도 추천한다.

※ 이 책에 나와 있는 지역별 내한성 등급은 대한민국 기상청의 기상 관측 자료를 이용하였다. 1985년 1월 1일에서 2014년 12월 31일까지 각 해의 최저 온도 30개 값을 더한 뒤 평균을 내서 나온 값이며, 관측 기록이 30년이 되지 않은 지점은 관측이 시작된 시점부터 2014년 12월 31일까지의 기상자료를 사용하였다. 지도에 색칠 되어 있는 구역의 내한성 등급은 그 지역의 최저 온도 평균값을 나타낸 것이며, 자세한 지역별 내한성 등급은 178~194 페이지의 시·군별 내한성 구역 지표를 참고 하면 된다. 또한 각 지역별 역대 최저 온도 자료를 보고 그 지역이 가장 추웠던 시기의 내한성 등급을 상기하여 대비하는 것을 추천한다.

※ 내한성 구역 등급 구하는 방법

이 책에 나와 있는 내한성 등급을 구하기 위해 사용한 기상 자료는 기상청 홈페이지에 들어가면 손쉽게 열람할 수 있다. 예를 들어 서울특별시의 내한성 등급을 구하기위해서는 1985년부터 2014년까지 각 해 최저 기온을 알아야 한다.

서울특별시에 1985년부터 2014년까지 각 해 최저 기온은 합하면 -424.4가 나오고 이 더한 값에 30을 나누면 -14.15°C가 나온다. 이 값을 USDA 내한성 구역 등급 기준에 적용하면 서울특별시의 내한성 등급은 7b 라는 것을 알 수 있다.

대한민국 시·군별 내한성 지도

Plant Hardiness Zone of Korea

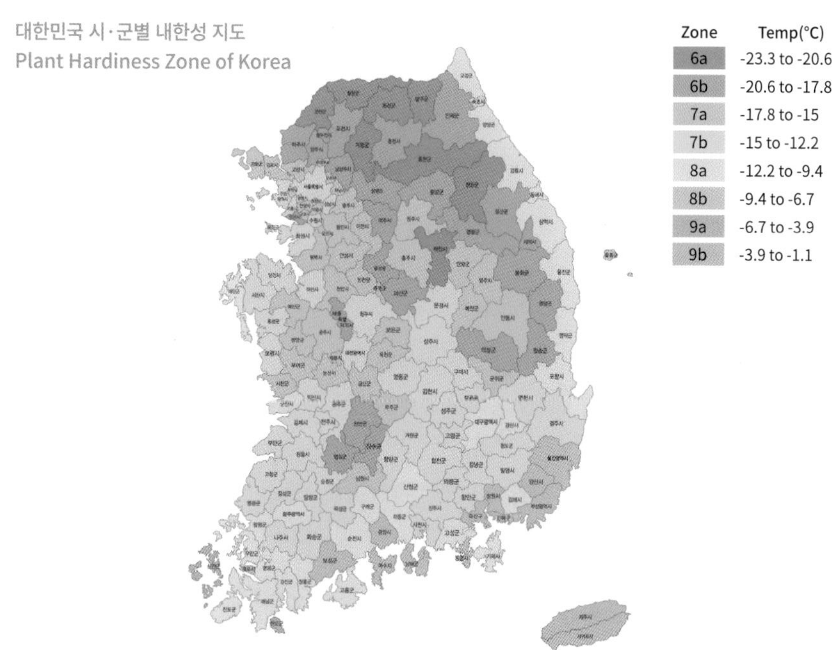

▌시·군별 식물 내한성 구역 지표(관측지점 기준)

서울특별시

ZONE	주소	기상 관측 시작 연도	기상관측 종류	해발고도(m)
7b	서울특별시 강남구 삼성동	1997	방재관측	59.6
7a	서울특별시 강동구 고덕동	1997	방재관측	56.9
7b	서울특별시 강북구 수유동	2001	방재관측	55.7
7b	서울특별시 강서구 화곡동	1997	방재관측	79.1
7a	서울특별시 관악구 남현동	2010	방재관측	87.1
7a	서울특별시 관악구 신림동	1997	방재관측	145.1
7b	서울특별시 광진구 자양동	1997	방재관측	38
7b	서울특별시 구로구 궁동	2001	방재관측	53.5
7b	서울특별시 금천구 독산동	1997	방재관측	99.9
7a	서울특별시 노원구 공릉동	1997	방재관측	52.1
7a	서울특별시 도봉구 방학동	1997	방재관측	55.5
7b	서울특별시 동대문구 전농동	1997	방재관측	49.4
7a	서울특별시 동작구 사당동	2012	방재관측	17
7b	서울특별시 동작구 신대방동	1997	방재관측	33.8
7b	서울특별시 마포구 망원동	1997	방재관측	25.5
7a	서울특별시 서대문구 신촌동	1997	방재관측	100.6
7b	서울특별시 서초구 서초동	1997	방재관측	35.5
7b	서울특별시 성동구 성수동1가	2000	방재관측	33.7
7a	서울특별시 성북구 정릉동	1997	방재관측	125.9
7b	서울특별시 송파구 잠실동	1997	방재관측	53.6
7b	서울특별시 양천구 목동	1997	방재관측	9.7
7a	서울특별시 영등포구 당산동	1997	방재관측	24.4
7b	서울특별시 영등포구 여의도동	1997	방재관측	10.7
7b	서울특별시 용산구 이촌동	1997	방재관측	32.6
7a	서울특별시 은평구 진관내동	1997	방재관측	70
7b	서울특별시 종로구 송월동	1985	지상관측	85.8
6b	서울특별시 종로구 평창동	2010	방재관측	332.6
7a	서울특별시 중구 예장동	1997	방재관측	266.4
7b	서울특별시 중랑구 면목동	1997	방재관측	40.2

부산광역시

ZONE	주소	기상 관측 시작 연도	기상관측 종류	해발고도(m)
8b	부산광역시 강서구 대항동	1997	방재관측	73.3
8a	부산광역시 금성구 장전동	1997	방재관측	71.1
8a	부산광역시 기장군 일광면 이천리	1997	방재관측	65
8a	부산광역시 남구 대연동	1997	방재관측	14.9

8b	부산광역시 남구 용호동	2010	방재관측	37.72
8b	부산광역시 동래구 명륜동	1997	방재관측	18.9
8a	부산광역시 부산진구 범천동	1997	방재관측	17.6
8a	부산광역시 북구 구포동	1997	방재관측	34.5
8b	부산광역시 사하구 신평동	2001	방재관측	11.1
7b	부산광역시 서구 서대신동3가	1997	방재관측	518.5
8b	부산광역시 영도구 동삼동	1997	방재관측	137.9
8a	부산광역시 영도구 신선동3가	2010	방재관측	78.58
8b	부산광역시 중구 대청동1가	1985	지상관측	69.56
8b	부산광역시 해운대구 우동	1997	방재관측	63

대구광역시

ZONE	주소	기상 관측 시작 연도	기상관측 종류	해발고도(m)
8a	대구광역시 달성군 현풍면 원교리	1997	방재관측	36.1
8a	대구광역시 동구 신암동	1985	지상관측	64.08
8b	대구광역시 동구 효목동	2013	지상관측	49
8a	대구광역시 서구 중리동	1997	방재관측	62.8
8a	대구광역시 수성구 만촌동	1997	방재관측	63

인천광역시

ZONE	주소	기상 관측 시작 연도	기상관측 종류	해발고도(m)
7a	인천광역시 강화군 교동면 대룡리	1997	방재관측	41.9
7a	인천광역시 강화군 삼성리	1985	지상관측	47.01
7b	인천광역시 강화군 서도면 볼음도리	1999	방재관측	13.3
7a	인천광역시 강화군 양도면 도장리	1997	방재관측	29
7b	인천광역시 부평구 구산동	2001	방재관측	31
7a	인천광역시 서구 공촌동	1997	방재관측	45.2
7a	인천광역시 서구 금곡동	1997	방재관측	35
7b	인천광역시 연수구 동춘동	1997	방재관측	9.1
8a	인천광역시 연수구 동춘동	2001	방재관측	10.2
8a	인천광역시 옹진군 대청면 소청리	1999	방재관측	76.1
8b	인천광역시 옹진군 덕적면 백아리	2001	방재관측	60.5
7b	인천광역시 옹진군 덕적면 진리	1997	방재관측	203
8a	인천광역시 옹진군 백령면 진촌리	1998	방재관측	32.8
7b	인천광역시 옹진군 북도면 장봉리	1997	방재관측	10.4

7b	인천광역시 옹진군 연평면 연평리	1997	방재관측	13
8a	인천광역시 옹진군 연화리	2000	지상관측	144.86
8a	인천광역시 옹진군 영흥면 내리	2001	방재관측	26
8b	인천광역시 옹진군 영흥면 외리	2001	방재관측	13.3
8a	인천광역시 옹진군 자월면 자월리	1999	방재관측	18.8
7b	인천광역시 중구 남북동	1997	방재관측	15
7b	인천광역시 중구 무의동	2001	방재관측	22.9
7b	인천광역시 중구 운남동	1997	방재관측	23.9
7b	인천광역시 중구 을왕동	1997	방재관측	124
7b	인천광역시 중구 전동	1985	지상관측	71.43

광주광역시

ZONE	주소	기상 관측 시작 연도	기상관측 종류	해발고도(m)
8a	광주광역시 광산구 용곡동	1997	방재관측	30.4
8a	광주광역시 동구 서석동	1997	방재관측	107.9
7a	광주광역시 동구 용연동	2001	방재관측	911.8
7b	광주광역시 북구 오룡동	1997	방재관측	32.4
8a	광주광역시 북구 운암동	1985	지상관측	72.38
8a	광주광역시 서구 풍암동	1997	방재관측	63

대전광역시

ZONE	주소	기상 관측 시작 연도	기상관측 종류	해발고도(m)
7a	대전광역시 대덕구 장동	1997	방재관측	83.9
7a	대전광역시 동구 세천동	1997	방재관측	91.8
7b	대전광역시 유성구 구성동	1985	지상관측	68.94
7b	대전광역시 중구 문화동	1997	방재관측	77.3

울산광역시

ZONE	주소	기상 관측 시작 연도	기상관측 종류	해발고도(m)
8b	울산광역시 남구 고사동	1997	방재관측	12.4
8b	울산광역시 동구 방어동	1997	방재관측	83
8a	울산광역시 북구 정자동	1999	방재관측	11
7b	울산광역시 울주군 삼동면 하잠리	2001	방재관측	60.7
8a	울산광역시 울주군 상북면 향산리	1997	방재관측	124.3
8b	울산광역시 울주군 서생면 대송리	1997	방재관측	24
8a	울산광역시 울주군 온산읍 이진리	2008	방재관측	59.4

8b	울산광역시 중구 북정동	1985	지상관측	34.57

세종특별자치시

ZONE	주소	기상 관측 시작 연도	기상관측 종류	해발고도(m)
7a	세종특별자치시 금남면 성덕리	2005	방재관측	43.4
7a	세종특별자치시 연기면 세종리	2012	방재관측	33.1
7a	세종특별자치시 연서면 봉암리	1997	방재관측	28.1
6b	세종특별자치시 전의면 읍내리	1997	방재관측	80.4

경기도

ZONE	주소	기상 관측 시작 연도	기상관측 종류	해발고도(m)
6a	경기도 가평군 북면 목동리	1997	방재관측	106.6
6b	경기도 가평군 청평면 대성리	1997	방재관측	41.4
6a	경기도 가평군 하면 현리	1997	방재관측	168.5
7a	경기도 고양시 덕양구 용두동	1997	방재관측	100
7a	경기도 고양시 일산구 성석동	1997	방재관측	11.5
7a	경기도 과천시 과천동	1997	방재관측	44.4
6b	경기도 과천시 중앙동	1997	방재관측	622.4
7a	경기도 광주시 송정동	1997	방재관측	119
7a	경기도 구리시 토평동	1997	방재관측	66.1
7a	경기도 남양주시 퇴계원면 퇴계원리	1997	방재관측	38
6b	경기도 동두천시 생연동	1998	지상관측	109.06
7b	경기도 성남시 중원구 여수동	1997	방재관측	28.7
7b	경기도 수원시 권선구 서둔동	1985	지상관측	34.06
7b	경기도 시흥시 군자동	1997	방재관측	23
8b	경기도 안산시 단원구 대부남동	2012	방재관측	38
7b	경기도 안산시 대부북동	1997	방재관측	32.8
6b	경기도 안산시 사동	1997	방재관측	5.6
7a	경기도 안성시 미양면 개정리	2005	방재관측	25
7a	경기도 안성시 서정동	1997	방재관측	45.2
6b	경기도 양주시 광적면 가납리	1997	방재관측	85.2
6b	경기도 양평군 양근리	1985	지상관측	47.98
6a	경기도 양평군 양동면 쌍학리	1997	방재관측	110
7a	경기도 양평군 양서면 양수리	1997	방재관측	48
6b	경기도 양평군 용문면 중원리	2001	방재관측	197.3
6a	경기도 양평군 청운면 용두리	1997	방재관측	126.8
6b	경기도 여주군 대신면 율촌리	1997	방재관측	51.3

6b	경기도 여주군 여주읍 점봉리	1997	방재관측	115.9
6a	경기도 연천군 백학면 두일리	2002	방재관측	38
5b	경기도 연천군 신서면 도신리	1997	방재관측	82.2
6b	경기도 연천군 중면 삼곶리	2001	방재관측	54.7
7a	경기도 연천군 청산면 장탄리	1997	방재관측	120.2
7a	경기도 오산시 외삼미동	1998	방재관측	40.2
6b	경기도 용인시 백암면 백암리	1998	방재관측	112
6a	경기도 용인시 이동면 송전리	2002	방재관측	143.8
7a	경기도 용인시 포곡면 둔전리	1998	방재관측	84.4
7a	경기도 의정부시 용현동	1998	방재관측	72
7a	경기도 이천시 신하리	1985	지상관측	78.01
7a	경기도 이천시 장호원읍 진암리	1998	방재관측	87.3
6b	경기도 파주시 아동동	1998	방재관측	56
6b	경기도 파주시 운천리	2002	지상관측	29.42
6b	경기도 파주시 장단면 도라산리	1997	방재관측	17.3
6b	경기도 파주시 적성면 구읍리	1997	방재관측	70.3
7a	경기도 평택시 비전동	1997	방재관측	36.5
6a	경기도 포천시 소흘읍 직동리	1997	방재관측	101.5
6b	경기도 포천시 이동면 장암리	1997	방재관측	59
6a	경기도 포천시 일동면 기산리	1997	방재관측	171.7
6b	경기도 포천시 자작동	1997	방재관측	102.1
6a	경기도 포천시 창수면 고소성리	1997	방재관측	80
7b	경기도 화성시 남양동	1997	방재관측	54.6
8a	경기도 화성시 백미리	2012	방재관측	70
7a	경기도 화성시 서신면 전곡리	1997	방재관측	8
7a	경기도 화성시 우정읍 조암리	1997	방재관측	18

강원도

ZONE	주소	기상 관측 시작 연도	기상관측 종류	해발고도(m)
7b	강원도 강릉시 강문동	1997	방재관측	3.3
7b	강원도 강릉시 방동리	2008	지상관측	78.9
7b	강원도 강릉시 연곡면 송림리	1997	방재관측	10
8a	강원도 강릉시 옥계면 현내리	1997	방재관측	15.1
5b	강원도 강릉시 왕산면 송현리	2002	방재관측	658.2
8a	강원도 강릉시 용강동	1985	지상관측	26.04
8a	강원도 강릉시 주문진읍 주문리	1997	방재관측	10
7b	강원도 고성군 간성읍 신안리	1997	방재관측	5.3
6b	강원도 고성군 간성읍 흘리	1997	방재관측	596.3

8a	강원도 고성군 봉포리	1985	지상관측	18.06
6a	강원도 고성군 토성면 원암리	1997	방재관측	770.5
7b	강원도 고성군 현내면 대진리	1997	방재관측	30.3
7b	강원도 고성군 현내면 명파리	1999	방재관측	5
8a	강원도 동해시 용정동	1992	지상관측	39.91
8a	강원도 삼척시 교동	2003	방재관측	67.6
8a	강원도 삼척시 근덕면 궁촌리	2005	방재관측	70.7
6b	강원도 삼척시 도계읍 황조리	2010	방재관측	814.2
7b	강원도 삼척시 신기면 신기리	2002	방재관측	81.8
8a	강원도 삼척시 원덕읍 산양리	1997	방재관측	36
6a	강원도 삼척시 하장면 광동리	1997	방재관측	653.8
7b	강원도 속초시 설악동	1997	방재관측	189.5
8a	강원도 속초시 조양동	2006	방재관측	3
6a	강원도 양구군 방산면 현리	1997	방재관측	262.2
6a	강원도 양구군 양구읍 정림리	1997	방재관측	188.9
5b	강원도 양구군 해안면 현리	1997	방재관측	448
7b	강원도 양양군 강현면 장산리	1997	방제관측	13.4
7b	강원도 양양군 서면 영덕리	1997	방재관측	146.1
7a	강원도 양양군 서면 오색리	1997	방재관측	337.4
8a	강원도 양양군 양양읍 송암리	2006	방재관측	4.3
6b	강원도 영월군 상동읍 내덕리	1997	방재관측	420
6b	강원도 영월군 주천면 주천리	1997	방재관측	283
6b	강원도 영월군 하송리	1995	지상관측	240.6
7a	강원도 원주시 명륜동	1985	지상관측	148.64
5b	강원도 원주시 문막읍 취병리	2003	방재관측	85
6b	강원도 원주시 부론면 흥호리	1997	방재관측	52
6a	강원도 원주시 소초면 학곡리	1997	방재관측	268.5
6a	강원도 원주시 신림면 신림리	1997	방재관측	352
7b	강원도 원주시 판부면 서곡리	2002	방재관측	518
6a	강원도 인제군 기린면 현리	1997	방재관측	336.5
6b	강원도 인제군 남면 신남리	1997	방재관측	236.4
6b	강원도 인제군 남북리	1985	지상관측	200.16
5b	강원도 인제군 북면 용대리	2001	방재관측	1262.6
6b	강원도 인제군 북면 원통리	2001	방재관측	253.7
6a	강원도 인제군 서화면 천도리	1997	방재관측	311
6b	강원도 정선군 북실리	2010	지상관측	307.4
6b	강원도 정선군 북평면 장열리	1997	방재관측	436
7a	강원도 정선군 사북리	2010	방재관측	821
6b	강원도 정선군 신동읍 예미리	1997	방재관측	392

6a	강원도 정선군 임계면 봉산리	1997	방재관측	488
6a	강원도 철원군 군탄리	1988	지상관측	153.7
5b	강원도 철원군 근남면 마현리	2001	방재관측	291.4
6a	강원도 철원군 김화읍 학사리	1997	방재관측	246
5b	강원도 철원군 동송읍 양지리	1998	방재관측	200
6a	강원도 철원군 원동면	2002	방재관측	210.8
5b	강원도 철원군 임남면	2002	방재관측	1062
6a	강원도 철원군 철원읍 외촌리	1998	방재관측	201.6
6b	강원도 철원군 철원읍 화지리	2002	방재관측	206.7
5b	강원도 춘천시 남산면 방하리	2011	방재관측	55
6a	강원도 춘천시 남산면 창촌리	1997	방재관측	93.6
6a	강원도 춘천시 북산면 오항리	1997	방재관측	240.6
6a	강원도 춘천시 용산리	2012	방재관측	852.2
6b	강원도 춘천시 우두동	1985	지상관측	77.71
6b	강원도 춘천시 유포리	2013	방재관측	142
6b	강원도 태백시 황지동	1985	지상관측	712.82
7a	강원도 평창군 대관령면 용산리	2001	방재관측	770
5b	강원도 평창군 대화면 대화리	1997	방재관측	445.6
5b	강원도 평창군 봉평면 면온리	1999	방재관측	567
5b	강원도 평창군 봉평면 창동리	1997	방재관측	570.4
5b	강원도 평창군 진부면	1997	방재관측	540.7
6b	강원도 평창군 평창읍 여만리	1997	방재관측	303.2
6a	강원도 평창군 횡계리	1985	지상관측	772.57
6a	강원도 홍천군 내면 명개리	2002	방재관측	1015.1
5b	강원도 홍천군 내면 창촌리	1997	방재관측	599.5
6a	강원도 홍천군 두촌면 자은리	1997	방재관측	220.5
6a	강원도 홍천군 서면 반곡리	1997	방재관측	92.6
5b	강원도 홍천군 서석면 풍암리	1997	방재관측	312.9
6a	깅원도 홍친군 연봉리	1985	지상관측	140.92
5b	강원도 화천군 사내면 광덕리	2003	방재관측	1050.1
6a	강원도 화천군 사내면 사창리	1997	방재관측	302
6a	강원도 화천군 상서면 산양리	2001	방재관측	263.8
6a	강원도 화천군 하남면 위라리	1997	방재관측	113
6a	강원도 화천군 화천읍 동촌리	2002	방재관측	224.4
5b	강원도 횡성군 안흥면 안흥리	1997	방재관측	430.7
6a	강원도 횡성군 청일면 유동리	1997	방재관측	222
6b	강원도 횡성군 횡성읍 읍하리	1997	방재관측	110.5

충청남도

ZONE	주소	기상 관측 시작 연도	기상관측 종류	해발고도(m)
7a	충청남도 계룡시 남선면 부남리	2005	방재관측	132
6b	충청남도 계룡시 남선면 부남리	1999	방재관측	831.7
7a	충청남도 공주시 웅진동	1997	방재관측	50
7a	충청남도 공주시 유구읍 석남리	1997	방재관측	71.5
7a	충청남도 공주시 정안면 평정리	1997	방재관측	61.3
7a	충청남도 금산군 아인리	1985	지상관측	170.35
7a	충청남도 논산시 광석면 이사리	1997	방재관측	5.9
7a	충청남도 논산시 연무읍 안심리	1997	방재관측	56.4
7b	충청남도 당진시 채운동	1997	방재관측	50
8a	충청남도 보령시 신흑동	1999	방재관측	42.3
8a	충청남도 보령시 오천면 삽시도리	1997	방재관측	22.6
9a	충청남도 보령시 오천면 외연도리	2001	방재관측	20.5
7b	충청남도 보령시 요암동	1985	지상관측	15.49
7a	충청남도 부여군 가탑리	1985	지상관측	11.33
7a	충청남도 부여군 양화면	1997	방재관측	10
8a	충청남도 서산시 대산읍 대죽리	1997	방재관측	16
7b	충청남도 서산시 수석동	1985	지상관측	28.91
7a	충청남도 서천군 마서면 계동리	1997	방재관측	8
7b	충청남도 서천군 서면 신합리	1997	방재관측	21.3
7b	충청남도 아산시 인주면 대음리	1997	방재관측	27.5
7a	충청남도 예산군 덕산면 대치리	2002	방재관측	674.9
7a	충청남도 예산군 봉산면 고도리	1997	방재관측	43.6
7a	충청남도 예산군 신암면 종경리	1997	방재관측	38.7
7a	충청남도 천안시 성거읍 신월리	1997	방재관측	41.4
7a	충청남도 천안시 동남구 신방동	1985	지상관측	21.3
7a	충청남도 청양군 정산면 학암리	2002	방재관측	21.9
7a	충청남도 청양군 청양읍 정좌리	1997	방재관측	98.1
7b	충청남도 태안군 근흥면 가의도리	1997	방재관측	103.6
8b	충청남도 태안군 근흥면 가의도리	2001	방재관측	58.9
8b	충청남도 태안군 근흥면 신진도리	1997	방재관측	8
8a	충청남도 태안군 소원면 모항리	1999	방재관측	69.6
8b	충청남도 태안군 원북면 방갈리	2001	방재관측	26.5
8a	충청남도 태안군 이원면 포지리	1997	방재관측	23.6
7a	충청남도 태안군 태안읍 남문리	1997	방재관측	40.9
7b	충청남도 홍성군 서부면 이호리	1997	방재관측	22.6
7b	충청남도 홍성군 홍성읍 옥암리	1997	방재관측	49.3

충청북도

ZONE	주소	기상 관측 시작 연도	기상관측 종류	해발고도(m)
6b	충청북도 괴산군 괴산읍 서부리	1997	방재관측	127
6b	충청북도 괴산군 청천면 송면리	1997	방재관측	225.1
7a	충청북도 단양군 단양읍 별곡리	1997	방재관측	184.2
6b	충청북도 단양군 영춘면 상리	1997	방재관측	183.3
6b	충청북도 보은군 내속리면 상판리	1997	방재관측	324.9
7a	충청북도 보은군 성주리	1985	지상관측	174.99
7b	충청북도 영동군 관리	1985	지상관측	244.73
7a	충청북도 영동군 양산면 가곡리	1997	방재관측	120.5
7a	충청북도 영동군 영동읍 부용	1997	방재관측	137.1
7a	충청북도 옥천군 옥천읍 매화리	1997	방재관측	117.8
6b	충청북도 옥천군 청산면 지전리	1998	방재관측	51.9
7a	충청북도 음성군 금왕읍 용계리	1997	방재관측	132
6b	충청북도 음성군 음성읍 평곡리	1997	방재관측	161
6b	충청북도 제천시 덕산면 도전리	1997	방재관측	282
6a	충청북도 제천시 백운면 평동리	2001	방재관측	230
6a	충청북도 제천시 신월동	1985	지상관측	263.61
7a	충청북도 제천시 청풍면 물태리	1997	방재관측	185.7
7a	충청북도 제천시 한수면 탄지리	2001	방재관측	141
7a	충청북도 증평군 증평읍 연탄리	1997	방재관측	74.7
7a	충청북도 진천군 진천읍	1997	방재관측	90.5
7a	충청북도 청원군 문의면 미천리	1997	방재관측	113
7b	충청북도 청원군 미원리	2012	방재관측	92
6b	충청북도 청원군 미원면 미원리	1997	방재관측	244
6b	충청북도 청원군 오창면 송대리	2002	방재관측	66
8a	충청북도 청주시 청원군 오창읍	2013	방재관측	66
7a	충청북도 청주시 상당구 명암동	2001	방재관측	127.5
7b	충청북도 청주시 흥덕구 복대동	1985	지상관측	57.16
6b	충청북도 충주시 노은면 신효리	1997	방재관측	116.6
6b	충청북도 충주시 수안보면 안보리	1997	방재관측	232.1
7a	충청북도 충주시 안림동	1985	지상관측	115.12
6b	충청북도 충주시 엄정면 율능리	1997	방재관측	77.6

전라남도

ZONE	주소	기상 관측 시작 연도	기상관측 종류	해발고도(m)
8a	전라남도 강진군 남포리	2009	지상관측	12.5
8a	전라남도 강진군 성전면 송월리	1997	방재관측	20.1
8b	전라남도 고흥군 도양읍 봉암리	1997	방재관측	10.4
8a	전라남도 고흥군 도화면 구암리	1997	방재관측	140.2
8b	전라남도 고흥군 봉래면 외초리	1998	방재관측	126.8
8b	전라남도 고흥군 영남면 양사리	1997	방재관측	14.5
8a	전라남도 고흥군 행정리	1985	지상관측	53.12
7b	전라남도 곡성군 곡성읍 학정리	1997	방재관측	10
8a	전라남도 곡성군 옥과면 리문리	1999	방재관측	120.5
8b	전라남도 광양시 광양읍 칠성리	1997	방재관측	19
6b	전라남도 광양시 옥룡면 동곡리	2002	방재관측	898.3
8b	전라남도 광양시 중동	2011	지상관측	80.9
8a	전라남도 구례군 구례읍 봉서리	1997	방재관측	32.3
7a	전라남도 구례군 산동면 좌사리	2001	방재관측	1088.9
8a	전라남도 구례군 토지면 내동리	1998	방재관측	413.3
7b	전라남도 나주시 금천면 원곡리	1997	방재관측	14.7
7b	전라남도 나주시 다도면 신동리	1997	방재관측	80.6
7b	전라남도 담양군 담양읍 천변리	1997	방재관측	35.3
8b	전라남도 목포시 연산동	1985	지상관측	38
7b	전라남도 무안군 몽탄면 사천리	1997	방재관측	17.8
8a	전라남도 무안군 무안읍 교촌리	2000	방재관측	35
8b	전라남도 무안군 운남면 연리	1997	방재관측	26.3
8b	전라남도 무안군 해제면 광산리	2001	방재관측	25.1
8b	전라남도 보성군 벌교읍	1997	방재관측	5
7b	전라남도 보성군 보성읍 옥평리	1997	방재관측	146.3
7b	전라남도 보성군 복내면 복내리	1997	방재관측	129.6
8b	전라남도 보성군 예당리	2010	지상관측	2.8
8b	전라남도 순천시 장천동	1997	방재관측	28.1
8a	전라남도 순천시 평중리	2011	지상관측	165
8a	전라남도 순천시 황전면 괴목리	1999	방재관측	79.6
9a	전라남도 신안군 비금면 지당리	1997	방재관측	10
9a	전라남도 신안군 안좌면 읍동리	1997	방재관측	33.1
8b	전라남도 신안군 압해면 신용리	1998	방재관측	12
9a	전라남도 신안군 예리	1997	지상관측	76.49
9a	전라남도 신안군 임자면 진리	2001	방재관측	6
9a	전라남도 신안군 자은면 구영리	1997	방재관측	18.4
9a	전라남도 신안군 장산면 오음리	2001	방재관측	18.9

8b	전라남도 신안군 지도읍 읍내리	1997	방재관측	22.3
9a	전라남도 신안군 하의면 웅곡리	1997	방재관측	11.3
9b	전라남도 신안군 흑산면 가거도리	2001	방재관측	22
9b	전라남도 신안군 흑산면 태도리	1999	방재관측	35.6
9b	전라남도 신안군 흑산면 홍도리	1999	방재관측	22
9a	전라남도 여수시 남면 연도리	2001	방재관측	5.1
8b	전라남도 여수시 돌산읍 신복리	1997	방재관측	8
9a	전라남도 여수시 삼산면 거문리	1997	방재관측	9.2
10a	전라남도 여수시 삼산면 손죽리	2014	방재관측	38.5
9a	전라남도 여수시 삼산면 초도리	1999	방재관측	38
8b	전라남도 여수시 월내동	1997	방재관측	67.5
8b	전라남도 여수시 중앙동	1985	지상관측	64.64
8b	전라남도 여수시 화양면 안포리	1997	방재관측	34.9
9a	전라남도 영광군 낙월면 상낙월리	1999	방재관측	12
7b	전라남도 영광군 만곡리	2008	지상관측	37.2
8a	전라남도 영광군 염산면 봉남리	1997	방재관측	15.2
8a	전라남도 영암군 미암면 춘동리	1997	방재관측	16.9
8a	전라남도 영암군 시종면 내동리	1997	방재관측	17.4
8a	전라남도 영암군 영암읍 동무리	1997	방재관측	26.4
9a	전라남도 완도군 금일읍 신구리	1997	방재관측	10.3
9a	전라남도 완도군 보길면 부황리	1997	방재관측	9.3
9a	전라남도 완도군 불목리	1985	지상관측	35.24
9a	전라남도 완도군 신지면 월양리	2001	방재관측	21
9a	전라남도 완도군 완도읍 중도리	2002	방재관측	4.4
9a	전라남도 완도군 청산면 도청리	1997	방재관측	26
7a	전라남도 완도군 청산면 여서리	2001	방재관측	35.4
8a	전라남도 장성군 삼서면 학성리	2007	방재관측	107.7
7b	전라남도 장성군 황룡면 와룡리	1997	방재관측	38.2
7b	전라남도 장흥군 대덕읍 신월리	1997	방재관측	235.7
7b	전라남도 장흥군 유치면 관동리	1997	방재관측	94
8a	전라남도 장흥군 축내리	1985	지상관측	45.02
8b	전라남도 진도군 고군면 오산리	1997	방재관측	43.2
9a	전라남도 진도군 남동리	2014	지상관측	5.4
9a	전라남도 진도군 사천리	2002	지상관측	476.47
8b	전라남도 진도군 의신면 연주리	1997	방재관측	20.3
9b	전라남도 진도군 조도면 서거차도리	2003	방재관측	4
9a	전라남도 진도군 조도면 창유리	1997	방재관측	24.1
9a	전라남도 진도군 지산면 인지리	2002	방재관측	37.5
7b	전라남도 함평군 월야면 월야리	1997	방재관측	51.7

8a	전라남도 함평군 함평읍 기각리	1997	방재관측	11
8a	전라남도 해남군 남천리	1985	지상관측	13.01
8b	전라남도 해남군 북일면 신월리	1997	방재관측	21.1
8b	전라남도 해남군 송지면 산정리	1997	방재관측	14.5
8a	전라남도 해남군 현산면 일평리	1997	방재관측	22.6
8a	전라남도 해남군 화원면 청용리	1997	방재관측	15.3
7b	전라남도 화순군 북면 옥리	1997	방재관측	190.4
7b	전라남도 화순군 이양면 오류리	1997	방재관측	84
7b	전라남도 화순군 화순읍 삼천리	1997	방재관측	78

전라북도

ZONE	주소	기상 관측 시작 연도	기상관측 종류	해발고도(m)
8a	전라북도 고창군 덕산리	2007	지상관측	54
7b	전라북도 고창군 매산리	2010	지상관측	52
7b	전라북도 고창군 상하면 장산리	2009	방재관측	10.8
8a	전라북도 고창군 심원면 도천리	1997	방재관측	18.3
8a	전라북도 군산시 금동	1985	지상관측	23.2
8a	전라북도 군산시 내초동	2011	방재관측	10
8b	전라북도 군산시 옥도면 말도리	2001	방재관측	48.
8a	전라북도 군산시 옥도면 비안도리	2008	방재관측	9.6
8b	전라북도 군산시 옥도면 어청도리	1997	방재관측	52.3
8b	전라북도 군산시 옥도면 장자도리	1997	방재관측	11.5
7b	전라북도 김제시 서암동	1997	방재관측	26.8
7b	전라북도 김제시 진봉면 고사리	1997	방재관측	14
7a	전라북도 남원시 도통동	1985	방재관측	127.48
7a	전라북도 남원시 산내면 부운리	1997	방재관측	480.6
7a	전라북도 무주군 무주읍 당산리	1997	방재관측	205.8
7a	전라북도 무주군 설천면 삼공리	1997	방재관측	599.3
6a	전라북도 무주군 설천면 심곡리	2001	방재관측	1518.3
8a	전라북도 부안군 변산면 격포리	1997	방재관측	11.2
7b	전라북도 부안군 역리	1985	지상관측	11.96
8b	전라북도 부안군 위도면 진리	2011	방재관측	16.8
7a	전라북도 부안군 줄포면 장동리	1997	방재관측	9.7
7b	전라북도 순창군 교성리	2008	지상관측	127
7a	전라북도 순창군 반월리	2010	방재관측	100
7a	전라북도 순창군 복흥면 정산리	1997	방재관측	314
7b	전라북도 완주군 구이면 원기리	2001	방재관측	101.3
7b	전라북도 완주군 용진면 운곡리	1997	방재관측	60.8

7b	전라북도 익산시 신흥동	1997	방재관측	14.5
7b	전라북도 익산시 여산면	1997	방재관측	35.9
7b	전라북도 익산시 함라면 신등리	1997	방재관측	15.9
7b	전라북도 임실군 강진면 용수리	1997	방재관측	232.3
6b	전라북도 임실군 신덕면 수천리	1997	방재관측	235.3
6b	전라북도 임실군 이도리	1985	지상관측	247.87
6b	전라북도 장수군 선창리	1988	지상관측	406.49
7b	전라북도 전주시 완산구 남노송동	1985	지상관측	53.4
7b	전라북도 정읍시 내장동	1999	방재관측	107.8
7b	전라북도 정읍시 상동	1985	지상관측	44.58
7a	전라북도 정읍시 태인면 태창리	1997	방재관측	20.4
6b	전라북도 진안군 동향면 대량리	1997	방재관측	320.2
7a	전라북도 진안군 주천면 신양리	1997	방재관측	259
6b	전라북도 진안군 진안읍 반월리	1997	방재관측	288.9

경상남도

ZONE	주소	기상 관측 시작 연도	기상관측 종류	해발고도(m)
8b	경상남도 거제시 남부면 저구리	1997	방재관측	11.2
9a	경상남도 거제시 능포동	2001	방재관측	54.7
8a	경상남도 거제시 일운면 지세포리	1997	방재관측	111.5
8b	경상남도 거제시 장목면 장목리	2003	방재관측	26
7a	경상남도 거창군 북상면 갈계리	1997	방재관측	327.4
7b	경상남도 거창군 정장리	1985	지상관측	225.95
7b	경상남도 고성군 개천면 명성리	1997	방재관측	74.1
8a	경상남도 고성군 고성읍 죽계리	1997	방재관측	11
8a	경상남도 김해시 부원동	2008	지상관측	59.34
7b	경상남도 김해시 생림면 봉림리	1997	방재관측	29.1
7b	경상남도 김해시 진영읍 우동리	2009	방재관측	20.6
8b	경상남도 남해군 다정리	1985	지상관측	44.95
8b	경상남도 남해군 상주면 상주리	1997	방재관측	22.1
7b	경상남도 밀양시 내이동	1985	지상관측	11.21
7b	경상남도 밀양시 산내면 송백리	1997	방재관측	125.5
8b	경상남도 사천시 대방동	1997	방재관측	23.2
7b	경상남도 사천시 용현면 신복리	1997	방재관측	23.5
8a	경상남도 산청군 단성면 강누리	1997	방재관측	56.2
7b	경상남도 산청군 삼장면 대포리	1999	방재관측	134.5
8a	경상남도 산청군 시천면 중산리	2001	방재관측	353.5
7b	경상남도 산청군 시천면 중산리	2002	방재관측	864.7

8a	경상남도 산청군 지리	1985	지상관측	138.07
8b	경상남도 양산시 금산리	2009	지상관측	14.85
8a	경상남도 양산시 남부동	1997	방재관측	40.6
8a	경상남도 양산시 웅상읍 삼호리	1997	방재관측	100
8a	경상남도 양산시 원동면 원리	1997	방재관측	19.6
7b	경상남도 의령군 무전리	2010	지상관측	14.18
7b	경상남도 의령군 칠곡면 신포리	1997	방재관측	61.9
8a	경상남도 진주시 대곡면	2013	방재관측	22
7b	경상남도 진주시 수곡면 대천리	1997	방재관측	72.5
7b	경상남도 진주시 평거동	1985	지상관측	30.21
8a	경상남도 창녕군 길곡면 증산리	1997	방재관측	23.5
7b	경상남도 창녕군 대지면 효정리	1997	방재관측	24.3
7b	경상남도 창녕군 도천면 우강리	1997	방재관측	13.7
8b	경상남도 창원시 마산합포구 가포동	1985	지상관측	37.15
8a	경상남도 창원시 마산합포구 진북면	1997	방재관측	25.6
8a	경상남도 창원시 성산구 내동	2009	지상관측	46.77
8a	경상남도 창원시 진해구 웅천동	1997	방재관측	16.3
8b	경상남도 통영시 사량면 금평리	1997	방재관측	15.2
9a	경상남도 통영시 욕지면 동항리	1997	방재관측	80
8b	경상남도 통영시 장평리	1985	지상관측	46.27
8b	경상남도 통영시 정량동	1985	지상관측	32.67
9a	경상남도 통영시 한산면 매죽리	2005	방재관측	43.9
8a	경상남도 하동군 금남면 덕천리	1997	방재관측	11.3
8a	경상남도 하동군 하동읍 읍내리	1997	방재관측	21.6
8a	경상남도 하동군 화개면	1997	방재관측	27.9
7b	경상남도 함안군 가야읍 산서리	1997	방재관측	8.9
7b	경상남도 함양군 서하면 송계리	1997	방재관측	366.1
7b	경상남도 함양군 용평리	2010	지상관측	151.2
8a	경상남도 함양군 함양읍 백천리	1997	방재관측	139.4
7a	경상남도 합천군 가야면 치인리	2001	방재관측	595.7
7b	경상남도 합천군 대병면 회양리	1997	방재관측	248
7b	경상남도 합천군 삼가면 두모리	1997	방재관측	98.7
7a	경상남도 합천군 청덕면 가현리	1997	방재관측	22.2
7b	경상남도 합천군 합천리	1985	지상관측	33.1

경상북도

ZONE	주소	기상 관측 시작 연도	기상관측 종류	해발고도(m)
8a	경상북도 경산시 중방동	1997	방재관측	77.1
7b	경상북도 경산시 하양읍 금락리	1997	방재관측	67.8
8a	경상북도 경주시 감포읍 나정리	1997	방재관측	25.2
7b	경상북도 경주시 산내면 내일리	1997	방재관측	211.9
7b	경상북도 경주시 양북면 장항리	2002	방재관측	341.4
8a	경상북도 경주시 외동읍 입실리	1997	방재관측	107.7
7b	경상북도 경주시 탑동	2010	지상관측	37.64
8a	경상북도 경주시 황성동	1997	방재관측	33.6
7b	경상북도 고령군 고령읍 내곡리	1997	방재관측	41.5
7b	경상북도 구미시 남통동	1985	지상관측	48.8
7b	경상북도 구미시 선산읍 이문리	1997	방재관측	38.4
7a	경상북도 군위군 군위읍 내량리	1997	방재관측	82.4
6b	경상북도 군위군 소보면 위성리	1997	방재관측	68.3
6b	경상북도 군위군 의흥면 수서리	1997	방재관측	128.7
7b	경상북도 김천시 구성면 하강리	1997	방재관측	83.3
8a	경상북도 김천시 대덕면 관기리	1997	방재관측	19.9
7a	경상북도 문경시 농암면 농암리	1997	방재관측	188.6
7a	경상북도 문경시 동로면 생달리	1997	방재관측	307.9
7a	경상북도 문경시 마성면 외어리	1997	방재관측	181.2
7b	경상북도 문경시 유곡동	1985	지상관측	170.61
6b	경상북도 봉화군 봉화읍 거촌리	1997	방재관측	301.5
6b	경상북도 봉화군 석포면 대현리	1997	방재관측	495.8
6b	경상북도 봉화군 의양리	1988	지상관측	319.85
7b	경상북도 상주시 공성면 장동리	1997	방재관측	94
7b	경상북도 상주시 낙양동	2002	지상관측	96.17
7a	경상북도 상주시 화서면 달천리	1997	방재관측	300
7b	경상북도 성주군 성주읍 삼산리	1997	방재관측	48.3
7a	경상북도 안동시 길안면 천지리	1997	방재관측	137.2
6b	경상북도 안동시 예안면 정산리	1997	방재관측	207
7a	경상북도 안동시 운안동	1985	지상관측	140.1
7a	경상북도 안동시 풍천면 하회리	1997	방재관측	92.9
8a	경상북도 영덕군 성내리	1985	지상관측	42.12
7b	경상북도 영덕군 영덕읍 구미리	1997	방재관측	23
6b	경상북도 영양군 수비면 발리리	1997	방재관측	415
6b	경상북도 영양군 영양읍 서부리	1997	방재관측	248.4
7a	경상북도 영주시 부석면 소천리	1997	방재관측	294.4
7a	경상북도 영주시 성내리	1985	지상관측	210.79

6b	경상북도 영주시 이산면 원리	1997	방재관측	188.8
7b	경상북도 영천시 망정동	1985	지상관측	93.6
7b	경상북도 영천시 신녕면 화성리	1997	방재관측	126.2
7b	경상북도 영천시 화북면 오산리	1997	방재관측	134.4
7a	경상북도 예천군 예천읍 동본리	1997	방재관측	100.9
7b	경상북도 예천군 풍양면 낙상리	1997	방재관측	82.6
8b	경상북도 울릉군 도동리	1985	지상관측	222.8
9a	경상북도 울릉군 북면 천부리	2001	방재관측	30.4
8b	경상북도 울릉군 서면 태하리	1997	방재관측	172.8
9a	경상북도 울릉군 울릉읍 독도리	2009	방재관측	96.2
7b	경상북도 울진군 북면 소곡리	1997	방재관측	75.2
7b	경상북도 울진군 서면 삼근리	1997	방재관측	226
8a	경상북도 울진군 연지리	1985	지상관측	50
7b	경상북도 울진군 온정면 소태리	1997	방재관측	144.4
8a	경상북도 울진군 죽변면 죽변리	1999	방재관측	41
8a	경상북도 울진군 후포면 금음리	1997	방재관측	59.2
7a	경상북도 의성군 안계면 용기리	1997	방재관측	61
6b	경상북도 의성군 원당리	1985	지상관측	81.81
7b	경상북도 청도군 금천면	1998	방재관측	41.5
7b	경상북도 청도군 화양읍 송북리	1997	방재관측	76.3
7a	경상북도 청송군 부동면 상의리	2001	방재관측	261
6b	경상북도 청송군 청송읍	2010	지상관측	206.23
6b	경상북도 청송군 청송읍 송생리	1997	방재관측	208.7
7a	경상북도 청송군 현서면 덕계리	1997	방재관측	326
7b	경상북도 칠곡군 가산면 천평리	1997	방재관측	121.6
7a	경상북도 칠곡군 동명면 득명리	1999	방재관측	571.6
7b	경상북도 칠곡군 약목면 동안리	1997	방재관측	29.4
8a	경상북도 포항시 남구 구룡포읍 병포리	1997	방재관측	42.4
8b	경상북도 포항시 남구 대보면 대보리	1997	방재관측	9.4
8a	경상북도 포항시 남구 송도동	1985	지상관측	2.28
8a	경상북도 포항시 북구 기계면 현내리	1997	방재관측	53.6
7b	경상북도 포항시 북구 죽장면 입암리	1997	방재관측	223.4
8a	경상북도 포항시 북구 청하면 덕성리	1997	방재관측	59.9

제주특별자치도

ZONE	주소	기상 관측 시작 연도	기상관측 종류	해발고도(m)
9b	제주특별자치도 서귀포시 남원읍 남원리	1997	방재관측	17.2
7b	제주특별자치도 서귀포시 남원읍 하례리	2002	방재관측	1489.4
9a	제주특별자치도 서귀포시 남원읍 한남리	1997	방재관측	246.3
9b	제주특별자치도 서귀포시 대정읍 가파리	2002	방재관측	12.2
9b	제주특별자치도 서귀포시 대정읍 가파리	2001	방재관측	25.5
9b	제주특별자치도 서귀포시 대정읍 하모리	1999	방재관측	11.4
9a	제주특별자치도 서귀포시 대포동	2001	방재관측	407.2
9b	제주특별자치도 서귀포시 대포동	2013	방재관측	143
7b	제주특별자치도 서귀포시 법환동	2011	방재관측	177.6
9a	제주특별자치도 서귀포시 색달동	2001	방재관측	60.9
9b	제주특별자치도 서귀포시 서귀동	1985	지상관측	48.96
9b	제주특별자치도 서귀포시 신산리	1985	지상관측	17.75
9b	제주특별자치도 서귀포시 안덕면 서광리	1997	방재관측	143.5
9a	제주특별자치도 서귀포시 표선면 하천리	1999	방재관측	77.2
9b	제주특별자치도 제주시 건입동	1985	지상관측	20.45
9b	제주특별자치도 제주시 고산리	1988	지상관측	74.29
9a	제주특별자치도 제주시 구좌읍 세화리	1997	방재관측	18.4
8b	제주특별자치도 제주시 아라일동	2001	방재관측	374.7
7a	제주특별자치도 제주시 애월읍 광령리	2002	방재관측	1672.5
9a	제주특별자치도 제주시 애월읍 유수암리	1997	방재관측	422.9
9b	제주특별자치도 제주시 우도면 서광리	1997	방재관측	38.5
8a	제주특별자치도 제주시 조천읍 교래리	1998	방재관측	757.4
9a	제주특별자치도 제주시 조천읍 선흘리	1997	지상관측	340.6
9b	제주특별자치도 제주시 추자면 대서리	1997	지상관측	7.5
9b	제주특별자치도 제주시 한림읍 한림리	1997	방재관측	21.6
7b	제주특별자치도 제주시 해안동	1999	방재관측	968.3

▌대한민국 시·군별 역대 최저 온도

지명	역대 최저 온도 평균(℃)	1위		2위		3위		4위		5위	
		날짜	값	날짜	값	날짜	값	날짜	값	날짜	값
양평	-30.5	1981.01.05	-32.6	1981.01.06	-31	1981.01.04	-31	1981.01.03	-30.2	1981.01.07	-27.8
대관령	-27.4	1974.01.24	-28.9	1978.02.15	-27.6	1974.01.25	-27.1	2013.01.04	-26.8	1978.02.16	-26.7
원주	-26.9	1981.01.05	-27.6	1981.01.04	-27.4	1973.12.24	-26.8	1981.01.06	-26.7	1973.12.25	-26.1
제천	-26.8	1981.01.04	-27.4	1981.01.06	-27.2	1981.01.05	-27.2	2001.01.16	-26	1986.01.05	-26
철원	-27.4	2001.01.16	-29.2	2001.01.15	-27.8	2001.01.17	-26.9	2010.01.06	-26.8	2001.01.12	-26.3
충주	-27.3	1981.01.05	-28.5	1981.01.06	-27.9	1981.01.04	-27.9	1974.01.25	-26.2	1984.01.05	-26
홍천	-27.4	1981.01.05	-28.1	1981.01.04	-28	1981.01.06	-27.2	1974.01.24	-27	1986.01.05	-26.9
동두천	-24.3	2001.01.15	-26.2	2001.01.16	-25.4	2001.01.17	-23.4	2001.01.12	-23.4	2001.01.14	-23.1
보은	-24.9	1974.01.24	-25.4	1981.01.17	-25.3	1974.01.25	-25	1981.01.27	-24.8	1974.01.26	-24.2
봉화	-25.1	2012.02.03	-27.7	2013.01.04	-25	2010.01.06	-24.7	2010.01.07	-24.2	2013.01.05	-23.7
수원	-24.8	1969.02.06	-25.8	1981.01.05	-24.8	1981.01.04	-24.6	1973.12.24	-24.4	1969.02.02	-24.2
이천	-25.5	1981.01.05	-26.5	1981.01.04	-26	1981.01.06	-25.8	1973.12.25	-25.7	1981.01.27	-23.4
인제	-25.1	1981.01.06	-25.9	1981.01.04	-25.5	1981.01.05	-24.8	2001.01.16	-24.6	1984.02.03	-24.5
장수	-24.3	1991.02.23	-25.8	1994.01.24	-25.7	1991.02.24	-23.5	2013.01.04	-23.3	2005.12.18	-23.2
청주	-24.1	1969.02.06	-26.4	1967.01.04	-24.1	1967.01.16	-23.7	1971.01.05	-23.2	1974.01.25	-23
춘천	-25.6	1969.02.06	-27.9	1986.01.05	-25.6	1967.01.16	-25	1986.01.06	-24.8	1969.02.05	-24.8
파주	-24.5	2010.01.06	-25.9	2012.02.03	-24.6	2013.01.03	-24.5	2010.01.07	-23.8	2010.01.14	-23.7
강화	-21.9	1981.01.04	-22.5	2001.01.15	-22.1	1986.01.06	-22	2001.01.16	-21.4	1981.01.05	-21.3
구미	-21.8	1974.01.26	-24	1974.01.25	-22.7	1974.01.28	-21.4	1974.01.24	-21	1974.01.29	-19.9
금산	-21.4	1974.01.25	-22.2	2013.01.04	-22	2013.01.03	-21.1	1974.01.24	-21.1	1991.02.23	-20.7

지명	역대 최저 온도 평균(°C)	1위		2위		3위		4위		5위	
		날짜	값	날짜	값	날짜	값	날짜	값	날짜	값
부여	-21	1981. 01.17	-22.1	1981. 01.27	-22	1981. 01.04	-20.7	1990. 01.24	-20.4	1981. 01.05	-20
서울	-22.4	1927. 12.31	-23.1	1931. 01.11	-22.5	1920. 01.04	-22.3	1928. 01.05	-22.2	1931. 01.10	-21.9
영월	-22.9	2001. 01.16	-23.5	2012. 02.03	-23.1	2010. 01.07	-22.7	2010. 01.06	-22.7	2013. 01.04	-22.6
영주	-21.8	1981. 01.17	-23.8	1974. 01.25	-21.6	1985. 01.17	-21.4	1981. 01.27	-21.2	1974. 01.26	-21.1
의성	-22.5	1981. 01.17	-23.3	2013. 01.04	-23.2	1974. 01.25	-22.5	2012. 02.03	-22.1	1990. 01.26	-21.5
인천	-20.7	1931. 01.11	-21	1915. 01.13	-20.9	1915. 01.14	-20.6	1915. 01.12	-20.6	1931. 01.10	-20.4
임실	-23	1971. 01.11	-24.4	1984. 01.05	-23.4	1976. 01.24	-23.2	1994. 01.24	-22.1	1981. 01.04	-22.1
정선	-20.8	2013. 01.04	-22	2012. 02.03	-21.3	2013. 01.05	-20.3	2012. 02.02	-20.3	2013. 02.08	-20
천안	-22.4	2001. 01.15	-23.9	2003. 01.06	-23.8	2001. 01.16	-22.1	1974. 01.24	-21.4	1981. 01.27	-20.9
태백	-20.7	2013. 01.04	-21.7	1986. 01.05	-20.8	2013. 02.08	-20.3	2012. 02.02	-20.3	2004. 01.22	-20.2
강릉	-18.5	1915. 01.13	-20.7	1931. 01.11	-19.1	1931. 01.10	-18.2	1915. 01.14	-17.8	1917. 01.08	-17
거창	-18.4	1994. 01.24	-18.9	1974. 01.26	-18.6	1974. 01.25	-18.5	2013. 01.04	-18.4	1974. 01.28	-17.7
광주	-17.9	1943. 01.05	-19.4	1943. 01.12	-18.2	1940. 02.03	-17.7	1945. 01.16	-17.2	1940. 01.27	-17
남원	-20	1994. 01.24	-21.9	2001. 01.15	-19.7	1997. 01.07	-19.5	2001. 01.16	-19.4	2005. 12.18	-19.3
대구	-18.5	1923. 01.19	-20.2	1923. 01.18	-19.6	1915. 01.13	-18.6	1953. 01.19	-17.6	1936. 02.05	-16.4
대전	-18.1	1969. 02.06	-19	1974. 01.24	-18.6	1970. 01.05	-17.9	1973. 12.24	-17.7	2001. 01.15	-17.4
문경	-18.5	1974. 01.26	-20	1974. 01.25	-18.7	1974. 01.28	-18.2	1981. 01.17	-18	2001. 01.15	-17.4
부안	-20.1	1981. 01.27	-22.6	1976. 12.29	-20.2	1976. 01.23	-19.7	1999. 12.21	-19.2	1978. 02.02	-18.7
서산	-18.2	2001. 01.17	-18.7	2001. 01.16	-18.4	1981. 01.17	-18.4	2003. 01.06	-18.1	1994. 01.24	-17.2
안동	-19.6	2013. 01.04	-20.4	1974. 01.25	-20.2	1974. 01.26	-19.9	2013. 01.05	-18.7	1974. 01.28	-18.7

지명	역대 최저 온도 평균(°C)	1위		2위		3위		4위		5위	
		날짜	값	날짜	값	날짜	값	날짜	값	날짜	값
영천	-19.6	1981. 01.17	-20.5	1993. 01.21	-18	1974. 01.26	-17.6	1981 01.27	-17.3	1974. 01.25	-17
정읍	-18.3	1974. 02.26	-20	1971. 01.06	-19.8	1971. 01.05	-17.7	1970. 02.10	-17.4	1976. 01.23	-16.5
청송	-20	2012. 02.03	-21.5	2013. 01.04	-21.4	2013. 01.05	-19.8	2013. 01.11	-18.6	2013. 01.10	-18.6
밀양	-15.7	2011. 01.16	-15.8	1990. 01.26	-15.8	1990. 01.25	-15.6	1984. 02.08	-15.6	1977. 02.17	-15.6
백령도	-15.1	2004. 01.21	-17.4	2004. 01.22	-15.4	2006. 02.03	-15.3	2004. 01.20	-13.6	2001. 01.15	-13.6
보령	-16.9	1990. 01.26	-17.6	1980. 01.18	-17.2	1995. 01.30	-16.6	1990. 01.25	-16.6	1978. 02.03	-16.4
상주	-15.4	2011. 01.16	-15.8	2012. 02.02	-15.7	2013. 01.03	-15.4	2013. 02.08	-15	2012. 02.03	-15
속초	-15.4	1981. 02.26	-16.2	2004. 01.22	-15.6	1970. 01.05	-15.6	2003. 01.29	-14.8	1977. 02.16	-14.7
순창	-15.9	2013. 01.04	-16.7	2009. 01.15	-16	2009. 01.24	-15.9	2013. 01.05	-15.4	2011. 01.13	-15.4
의령	-15	2011. 01.16	-17.1	2011. 01.17	-14.8	2013. 01.04	-14.7	2012. 02.03	-14.5	2011. 01.31	-14.1
전주	-16.5	1933. 01.27	-17.1	1961. 02.01	-16.6	1936. 01.17	-16.5	1936. 01.18	-16.4	1945. 01.28	-16.1
진주	-15.5	1984. 01.20	-15.9	1997. 01.07	-15.7	2011. 01.16	-15.6	2001. 01.16	-15.4	1985. 01.15	-15.1
추풍령	-17.4	1970. 01.05	-17.8	2001. 01.15	-17.5	1967. 01.16	-17.4	1985. 01.15	-17.2	1973. 12.24	-17.2
합천	-16.5	1974. 01.25	-17.8	1991. 02.23	-16.7	2011. 01.16	-16.4	1990. 01.26	-16.2	1985. 01.30	-16.2
경주	-13.5	2011. 01.16	-14.7	2012. 02.02	-13.4	2011. 01.15	-13.4	2013. 02.08	-13.3	2011. 01.17	-12.6
고창	-13.2	2011. 01.02	-13.9	2012. 01.26	-13.3	2011. 01.31	-13.3	2015. 01.03	-13	2013. 01.11	-12.4
고흥	-12.7	1985. 01.30	-14.4	1977. 02.16	-12.7	1997. 01.22	-12.3	1990. 01.25	-12.2	1991. 02.23	-12
군산	-14.3	2004. 01.22	-14.7	2005. 12.18	-14.5	1971. 01.06	-14.5	1990. 01.25	-13.9	1970. 01.05	-13.7
동해	-13.6	2001. 01.15	-14	2012. 02.02	-13.7	2004. 01.22	-13.7	2003. 01.29	-13.6	2004. 01.21	-13.1
목포	-13.3	1915. 01.13	-14.2	1931. 01.11	-14	1915. 01.14	-13.1	1967. 01.23	-12.8	1917. 01.08	-12.6

지명	역대 최저 온도 평균(°C)	1위		2위		3위		4위		5위	
		날짜	값	날짜	값	날짜	값	날짜	값	날짜	값
부산	-13	1915. 01.13	-14	2011. 01.16	-12.8	1917. 01.08	-12.7	1915. 01.14	-12.7	1977. 02.16	-12.6
북강릉	-14.8	2011. 01.16	-16.2	2012. 02.02	-15.2	2011. 01.15	-14.6	2013. 02.08	-14.2	2012. 02.01	-13.7
산청	-14	1974. 01.28	-14.4	1994. 01.24	-14.1	1984. 01.29	-14	1991. 02.24	-13.7	1990. 01.27	-13.7
영광	-13.9	2011. 01.02	-14.5	2013. 01.04	-14.3	2013. 01.11	-14.1	2011. 01.17	-13.3	2013 01.05	-13.1
영덕	-14.1	2011. 01.16	-15.1	2001. 01.15	-14.2	1976. 12.27	-13.8	2012. 02.02	-13.7	1973. 12.24	-13.7
울산	-13.2	1967. 01.16	-14.3	2011. 01.16	-13.5	1970. 01.05	-12.9	1963. 01.22	-12.8	1960. 01.24	-12.6
울진	-13.9	1981. 02.26	-14.1	2011. 01.16	-14	1976. 12.27	-13.8	2012. 02.02	-13.7	1986. 01.05	-13.7
장흥	-13.7	1990. 01.25	-15.5	1977. 02.17	-13.4	1982. 01.17	-13.2	2011. 01.01	-13.1	1997. 01.22	-13.1
포항	-14.2	1970. 01.05	-14.4	1967. 01.16	-14.4	1953. 01.15	-14.4	1953. 01.14	-14.2	1963. 01.16	-13.5
함양	-13.4	2013. 01.11	-13.9	2013. 01.05	-13.6	2013. 01.04	-13.6	2011. 01.08	-13.1	2012. 01.26	-13
해남	-14.1	1977. 02.17	-14.5	1977. 01.04	-14.4	2003. 01.06	-14.1	2009. 01.24	-13.9	1990. 01.25	-13.7
강진	-10.6	2011. 01.02	-11.1	2013. 01.11	-10.7	2012. 01.26	-10.6	2011. 01.31	-10.6	2010. 12.31	-9.8
거제	-10.1	2011. 01.16	-10.4	2004. 01.22	-10.1	1977. 02.16	-10.1	2001. 01.16	-10	1985. 01.30	-10
김해	-11.2	2011. 01.16	-13.6	2013. 02.08	-12	2011. 01.15	-10.9	2009. 01.15	-9.9	2013. 01.04	-9.5
남해	-11.9	1976. 01.24	-12.8	1977. 01.31	-12.3	2005. 12.18	-11.6	1977. 02.17	-11.6	1990. 01.26	-11.3
보성	-9.48	2012. 01.26	-9.9	2013. 01.11	-9.8	2011. 01.16	-9.5	2011. 01.15	-9.1	2011. 01.14	-9.1
북창원	-11.6	2011. 01.16	-13.3	2011. 01.15	-11.8	2013. 02.08	-11.5	2012. 02.02	-10.8	2012. 02.03	-10.6
순천	-11.7	2013. 01.11	-12.9	2012. 01.26	-12.3	2013. 02.08	-11.3	2013. 01.05	-11.1	2012. 02.02	-11.1
양산	-10.1	2011. 01.16	-11.7	2013. 02.08	-10.2	2011. 01.15	-9.9	2012. 02.02	-9.6	2013. 01.04	-9.2
여수	-11.5	1977. 02.16	-12.6	1943. 01.12	-11.9	1959. 01.17	-11.4	1991 02.23	-10.9	1959. 01.05	-10.9

지명	역대 최저 온도 평균(°C)	1위		2위		3위		4위		5위	
		날짜	값	날짜	값	날짜	값	날짜	값	날짜	값
완도	-9.84	1977. 02.17	-10.7	1976. 12.27	-10.2	1977. 02.16	-10	1976. 01.24	-9.2	2005. 12.18	-9.1
울릉도	-12.1	1981. 02.26	-13.6	1957. 02.11	-12.1	1943. 01.12	-11.6	2003. 01.29	-11.5	1958. 01.16	-11.5
진도 (첨찰산)	-11.1	2006. 02.04	-11.4	2005. 12.18	-11.3	2012. 02.02	-10.9	2008. 01.17	-10.9	2013. 01.03	-10.8
창원	-11.3	2011. 01.16	-13.1	1991. 02.23	-11.3	2013. 02.08	-11	2011. 01.15	-10.5	2001. 01.15	-10.5
통영	-10.9	1977. 02.16	-11.6	1970. 01.05	-11.2	2011. 01.16	-10.7	2001. 01.15	-10.7	1985. 01.30	-10.3
광양	-8.64	2012. 02.02	-9.6	2013. 02.08	-9	2012. 02.03	-8.9	2013. 02.07	-8.2	2013. 01.03	-7.5
대구(기)	-7.88	2014. 12.19	-8.6	2014. 12.17	-7.8	2014. 01.19	-7.7	2014. 01.14	-7.7	2014. 01.10	-7.6
고산	-4	2004. 01.22	-4.5	2004. 01.21	4.4	2004. 01.24	-3.9	2011. 01.16	-3.6	2009. 01.24	-3.6
서귀포	-5.78	1977. 02.16	-6.3	1970. 01.05	-6.1	1977. 02.15	-5.9	1967. 01.15	-5.4	1967. 01.16	-5.2
성산	-6.44	1990. 01.23	-7	1990. 01.26	-6.6	1977. 02.16	-6.4	1990. 01.24	-6.1	1983. 02.14	-6.1
제주	-5.54	1977. 02.16	-6	1977. 02.15	-5.9	1931. 01.10	-5.7	1981. 02.26	-5.1	1936. 01.17	-5
진도	-4.58	2014. 12.19	-5.5	2014. 12.27	-4.8	2015. 01.13	-4.7	2015. 01.12	-4	2014. 12.18	-3.9
흑산도	-5.9	2004. 01.21	-6.3	2006. 02.03	-5.9	2001. 01.14	-5.9	2011. 01.15	-5.7	2004. 01.22	-5.7

(출처 : 기상청_http://www.kma.go.kr/)

영국 왕립원예협회의 식물 내한성 구역 정의

해외에서 들어오는 식물의 정보를 얻기 위해 자료를 찾아보면 영국 왕립원예협회Royal Horticultural Society(RHS)에서 기준을 마련한 내한성 구역에 대한 자료를 볼 수 있다. RHS 내한성 구역 등급은 USDA 내한성 구역 등급과 달리 H1a에서 H7까지 나누었다. 아래는 RHS 내한성 구역 등급과 USDA 내한성 구역 등급을 비교한 표다.

등 급	온도범위	카테고리	정 의	USDA 내한성 구역
H1a	15°C↑	가온온실 - 열대지방	일년 내내 가온이 되는 온실 환경 혹은 그와 비슷한 온도를 말한다.	13
H1b	10~15°C	가온온실 - 아열대 지방	이 구역의 식물들은 여름에는 밖에서 성장할 수 있지만(예를 들면 도시 중심부 지역) 일반적으로 유리 온실 안에서 성장하는 것이 더 좋다.	12
H1c	5~10°C	가온온실 - 온대 지방	영국의 낮 온도로 충분히 성장할 수 있는 식물들이다. (화단용 식물이나 토마토, 오이 같은 채소)	11
H2	1~5°C	온순한 날씨 - 선선하면서 서리가 내리지 않는 온실	낮은 온도까지는 버티지만 영하로 내려가면 동해 피해를 받는다. 서리가 없는 도심 지역이나 해안가를 제외하고는 온실에서 키워야 한다. (대부분의 다육 식물, 아열대 식물, 일년초)	10b
H3	-5~1°C	반 내한성 - 비가온 온실 / 포근한 겨울	혹독한 겨울과 서리에 노출된 장소를 제외한 영국의 해안가와 비교적 온화한 지역에서 성장이 가능한 식물이다. 특히 눈이 쌓이거나 포트에서 성장하는 식물은 손상을 받을 가능성이 있으며 추운 겨울에는 동사할 수 있다. 다만 월동 처리를 해주면 살아남을 수 있다. (지중해 기후 식물, 봄에 파종하고 나중에 수확하는 채소)	9b/9a
H4	-10~5°C	일반적인 겨울	겨울철 정원에 있는 식물은 혹독한 추위로 잎이 손상을 입을 수 있고 줄기가 마를 수 있다. 일부 강건한 식물도 길고 습한 겨울과 배수가 불량한 토양에서는 살아남을 수 없다. 특히 상록활엽식물과 구근들, 포트에서 성장하는 식물은 영국의 일반적인 겨울에 취약하다. (초본과 목본 식물, 일부 배추속 식물, 부추류)	8b/9a
H5	-15~-10°C	추운 겨울	이 구역의 식물들은 영국 대부분의 지역에서 월동이 되지만 가림막이 없는 공간이나 북부 지역에서는 월동이 되지 않는다. 많은 상록활엽수는 잎에 손상 을 받으며 포트에 심겨진 식물도 위험하다. (초본과 목본 식물, 일부 배추속 식물, 부추류)	7b/8a
H6	-20~-15°C	매우 추운 겨울	영국과 북유럽 어디에서도 월동이 가능한 식물이다. 포트에서 재배되는 식물은 월동 처리를 해주어야 동해 피해를 받지 않는다. (대륙 기후에서 자라는 초본과 목본 식물)	6b/7a
H7	-20↓	매우 추운 기온	영국의 고지대와 유럽의 혹독한 겨울 기후에서도 버틸 수 있는 식물 (대륙 기후에서 자라는 초본과 목본 식물)	6a-1

Plant Heat Zone

식물 내서성 구역이란?

USDA 식물 내한성 구역이 식물의 내한성을 가지고 등급을 나누었다면 AHSAmerican Horticultural Society(미국원예학회) 내서성 구역Heat zone은 식물의 내서성을 가지고 등급을 나눈 지표이다. 내한성 구역 지표가 무척이나 중요한 요소이지만 식물이 생존할 수 있을 지를 결정하는 유일한 요소는 아니다. 고온에 의한 피해 또한 식물을 식재할 때 고려해야 할 중요한 요인 중 하나다. 고온에 의한 피해는 꽃봉오리가 시들 수 있게 하며 뿌리가 성장하는데 방해를 주는 요소이기에 내서성 구역 지표 또한 식물을 가꾸는 데 참고한다면 큰 도움이 될 것이다.

※ 이 책에 나와 있는 지역별 내서성 구역 등급은 대한민국 기상청의 기상 관측 자료를 이용하였다. 1985년 1월 1일부터 2014년 12월 31일까지 각 일일 기온이 30°C 이상인 날의 합을 더한 뒤 평균을 내어 나온 값이며 관측 기록이 30년이 되지 않은 지점은 관측이 시작된 시점부터 2014년 12월 31일까지의 기상 자료를 사용하였다.
지도에 색칠되어 있는 식물 내서성 구역의 등급은 그 지역의 평균 내서성 구역 등급을 나타낸 것이며, 자세한 지역별 내서성 구역 등급은 202~218 페이지의 시·군별 식물 내서성 구역 지표를 참고 하면 된다.

대한민국 시·군별 내서성 지도
Plant Heat Zone of Korea

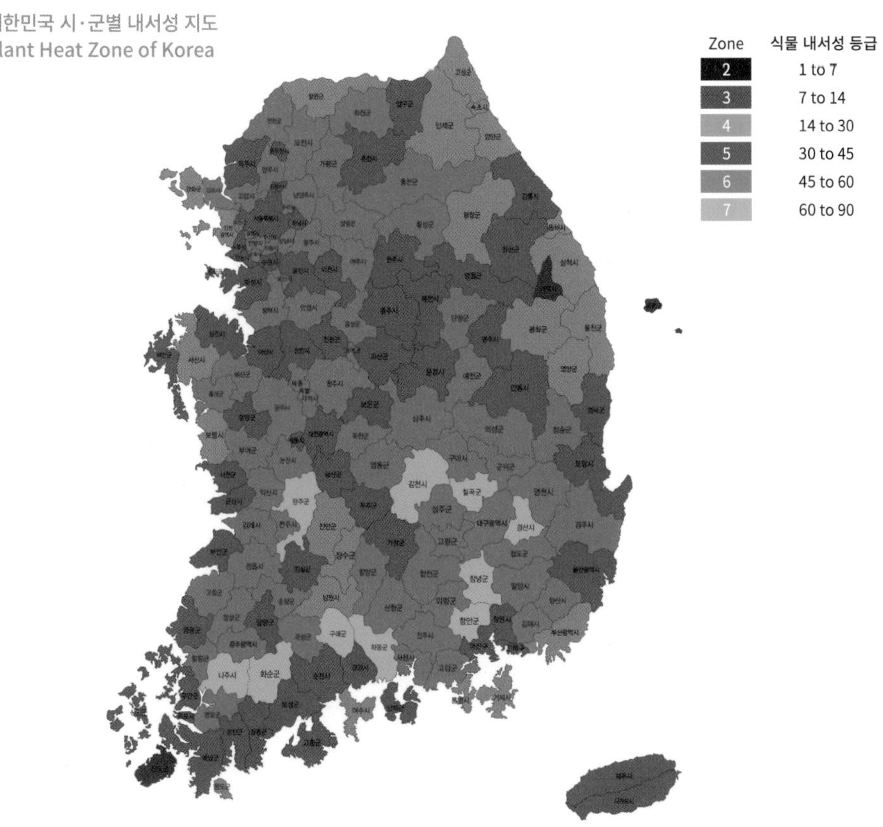

▌시·군별 식물 내서성 구역 지표(관측지점 기준)

서울특별시

ZONE	주소	기상 관측 시작 연도	기상관측 종류	해발고도(m)
6	서울특별시 강남구 삼성동	1998	방재관측	59.6
6	서울특별시 강동구 고덕동	1998	방재관측	56.9
6	서울특별시 강북구 수유동	2002	방재관측	55.7
5	서울특별시 강서구 화곡동	1998	방재관측	79.1
5	서울특별시 관악구 남현동	2011	방재관측	87.1
5	서울특별시 관악구 신림동	1998	방재관측	145.1
6	서울특별시 광진구 자양동	1998	방재관측	38
5	서울특별시 구로구 궁동	2002	방재관측	53.5
6	서울특별시 금천구 독산동	1998	방재관측	99.9
6	서울특별시 노원구 공릉동	1998	방재관측	52.1
6	서울특별시 도봉구 방학동	1998	방재관측	55.5
6	서울특별시 동대문구 전농동	1998	방재관측	49.4
6	서울특별시 동작구 사당동	2013	방재관측	17
5	서울특별시 동작구 신대방동	1998	방재관측	33.8
6	서울특별시 마포구 망원동	1998	방재관측	25.5
6	서울특별시 서대문구 신촌동	1998	방재관측	100.6
7	서울특별시 서초구 서초동	1998	방재관측	35.5
5	서울특별시 성동구 성수동1가	2001	방재관측	33.7
5	서울특별시 성북구 정릉동	1998	방재관측	125.9
6	서울특별시 송파구 잠실동	1998	방재관측	53.6
6	서울특별시 양천구 목동	1998	방재관측	9.7
6	서울특별시 영등포구 당산동	1998	방재관측	24.4
6	서울특별시 영등포구 여의도동	1998	방재관측	10.7
6	서울특별시 용산구 이촌동	1998	방재관측	32.6
5	서울특별시 은평구 진관내동	1998	방재관측	70
5	서울특별시 종로구 송월동	1985	지상관측	85.8
3	서울특별시 종로구 평창동	2011	방재관측	332.6
5	서울특별시 중구 예장동	1998	방재관측	266.4
6	서울특별시 중랑구 면목동	1998	방재관측	40.2

부산광역시

ZONE	주소	기상 관측 시작 연도	기상관측 종류	해발고도(m)
4	부산광역시 강서구 대항동	1998	방재관측	73.3
6	부산광역시 금정구 장전동	1998	방재관측	71.1
5	부산광역시 기장군 일광면 이천리	1998	방재관측	65
5	부산광역시 남구 대연동	1998	방재관측	14.9

2	부산광역시 남구 용호동	2011	방재관측	37.72
5	부산광역시 동래구 명륜동	1998	방재관측	18.9
5	부산광역시 부산진구 범천동	1998	방재관측	17.6
5	부산광역시 북구 구포동	1998	방재관측	34.5
5	부산광역시 사하구 신평동	2002	방재관측	11.1
2	부산광역시 서구 서대신동3가	1998	방재관측	518.5
3	부산광역시 영도구 동삼동	1998	방재관측	137.9
4	부산광역시 영도구 신선동3가	2011	방재관측	78.58
4	부산광역시 중구 대청동1가	1985	지상관측	69.56
4	부산광역시 해운대구 우동	1998	방재관측	63

대구광역시

ZONE	주소	기상 관측 시작 연도	기상관측 종류	해발고도(m)
7	대구광역시 달성군 현풍면 원교리	1998	방재관측	36.1
6	대구광역시 동구 신암동	1985	지상관측	64.08
6	대구광역시 동구 효목동	2014	지상관측	49
7	대구광역시 서구 중리동	1997	방재관측	62.8
7	대구광역시 수성구 만촌동	1998	방재관측	63

인천광역시

ZONE	주소	기상 관측 시작 연도	기상관측 종류	해발고도(m)
4	인천광역시 강화군 교동면 대룡리	1998	방재관측	41.9
4	인천광역시 강화군 삼성리	1985	지상관측	47.01
4	인천광역시 강화군 서도면 볼음도리	2000	방재관측	13.3
4	인천광역시 강화군 양도면 도장리	1998	방재관측	29
4	인천광역시 부평구 구산동	2002	방재관측	31
6	인천광역시 서구 공촌동	1998	방재관측	45.2
4	인천광역시 서구 금곡동	1998	방재관측	35
5	인천광역시 연수구 동춘동	1998	방재관측	9.1
4	인천광역시 연수구 동춘동	2002	방재관측	10.2
3	인천광역시 옹진군 대청면 소청리	2000	방재관측	76.1
2	인천광역시 옹진군 덕적면 백아리	2002	방재관측	60.5
3	인천광역시 옹진군 덕적면 진리	1998	방재관측	203
2	인천광역시 옹진군 백령면 진촌리	1999	방재관측	32.8
3	인천광역시 옹진군 북도면 장봉리	1998	방재관측	10.4

3	인천광역시 옹진군 연평면 연평리	1998	방재관측	13
2	인천광역시 옹진군 연화리	2000	지상관측	144.86
4	인천광역시 옹진군 영흥면 내리	2002	방재관측	26
2	인천광역시 옹진군 영흥면 외리	2002	방재관측	13.3
3	인천광역시 옹진군 자월면 자월리	2000	방재관측	18.8
4	인천광역시 중구 남북동	1998	방재관측	15
4	인천광역시 중구 무의동	2002	방재관측	22.9
4	인천광역시 중구 운남동	1998	방재관측	23.9
3	인천광역시 중구 을왕동	1998	방재관측	124
4	인천광역시 중구 전동	1985	지상관측	71.43

광주광역시

ZONE	주소	기상 관측 시작 연도	기상관측 종류	해발고도(m)
7	광주광역시 광산구 용곡동	1998	방재관측	30.4
6	광주광역시 동구 서석동	1998	방재관측	107.9
1	광주광역시 동구 용연동	2002	방재관측	911.8
7	광주광역시 북구 오룡동	1998	방재관측	32.4
6	광주광역시 북구 운암동	1985	지상관측	72.38
6	광주광역시 서구 풍암동	1998	방재관측	63

대전광역시

ZONE	주소	기상 관측 시작 연도	기상관측 종류	해발고도(m)
6	대전광역시 대덕구 장동	1998	방재관측	83.9
6	대전광역시 동구 세천동	1998	방재관측	91.8
5	대전광역시 유성구 구성동	1985	지상관측	68.94
6	대전광역시 중구 문화동	1998	방재관측	77.3

울산광역시

ZONE	주소	기상 관측 시작 연도	기상관측 종류	해발고도(m)
6	울산광역시 남구 고사동	1998	방재관측	12.4
3	울산광역시 동구 방어동	1998	방재관측	83
5	울산광역시 북구 정자동	2000	방재관측	11
6	울산광역시 울주군 삼동면 하잠리	2002	방재관측	60.7
6	울산광역시 울주군 상북면 향산리	1998	방재관측	124.3
2	울산광역시 울주군 서생면 대송리	1998	방재관측	24
5	울산광역시 울주군 온산읍 이진리	2009	방재관측	59.4

5	울산광역시 중구 북정동	1985	지상관측	34.57

세종특별자치시

ZONE	주소	기상 관측 시작 연도	기상관측 종류	해발고도(m)
6	세종특별자치시 금남면 성덕리	2006	방재관측	43.4
6	세종특별자치시 연기면 세종리	2013	방재관측	33.1
5	세종특별자치시 연서면 봉암리	1998	방재관측	28.1
6	세종특별자치시 전의면 읍내리	1998	방재관측	80.4

경기도

ZONE	주소	기상 관측 시작 연도	기상관측 종류	해발고도(m)
6	경기도 가평군 북면 목동리	1998	방재관측	106.6
6	경기도 가평군 청평면 대성리	1998	방재관측	41.4
5	경기도 가평군 하면 현리	1998	방재관측	168.5
6	경기도 고양시 덕양구 용두동	1998	방재관측	100
6	경기도 고양시 일산구 성석동	1998	방재관측	11.5
6	경기도 과천시 과천동	1998	방재관측	44.4
2	경기도 과천시 중앙동	1998	방재관측	622.4
6	경기도 광주시 송정동	1998	방재관측	119
6	경기도 구리시 토평동	1998	방재관측	66.1
6	경기도 남양주시 퇴계원면 퇴계원리	1998	방재관측	38
5	경기도 동두천시 생연동	1998	지상관측	109.06
6	경기도 성남시 중원구 여수동	1998	방재관측	28.7
5	경기도 수원시 권선구 서둔동	1985	지상관측	34.06
5	경기도 시흥시 군자동	1998	방재관측	23
2	경기도 안산시 단원구 대부남동	2013	방재관측	38
4	경기도 안산시 대부북동	1998	방재관측	32.8
5	경기도 안산시 사동	1998	방재관측	5.6
6	경기도 안성시 미양면 개정리	2006	방재관측	25
6	경기도 안성시 석정동	1998	방재관측	45.2
6	경기도 양주시 광적면 가납리	1998	방재관측	85.2
6	경기도 양평군 양근리	1985	지상관측	47.98
6	경기도 양평군 양동면 쌍학리	1998	방재관측	110
5	경기도 양평군 양서면 양수리	1998	방재관측	48
5	경기도 양평군 용문면 중원리	2002	방재관측	197.3
5	경기도 양평군 청운면 용두리	1998	방재관측	126.8
7	경기도 여주군 대신면 율촌리	1998	방재관측	51.3

6	경기도 여주군 여주읍 점봉리	1998	방재관측	115.9
6	경기도 연천군 백학면 두일리	2003	방재관측	38
5	경기도 연천군 신서면 도신리	1998	방재관측	82.2
5	경기도 연천군 중면 삼곶리	2002	방재관측	54.7
6	경기도 연천군 청산면 장탄리	1998	방재관측	120.2
6	경기도 오산시 외삼미동	1998	방재관측	40.2
6	경기도 용인시 백암면 백암리	1998	방재관측	112
5	경기도 용인시 이동면 송전리	2002	방재관측	143.8
5	경기도 용인시 포곡면 둔전리	1998	방재관측	84.4
5	경기도 의정부시 용현동	1998	방재관측	72
5	경기도 이천시 신하리	1985	지상관측	78.01
6	경기도 이천시 장호원읍 진암리	1998	방재관측	87.3
6	경기도 파주시 아동동	1998	방재관측	56
5	경기도 파주시 운천리	2002	지상관측	29.42
5	경기도 파주시 장단면 도라산리	1998	방재관측	17.3
5	경기도 파주시 적성면 구읍리	1998	방재관측	70.3
6	경기도 평택시 비전동	1998	방재관측	36.5
5	경기도 포천시 소흘읍 직동리	1998	방재관측	101.5
6	경기도 포천시 이동면 장암리	1998	방재관측	59
6	경기도 포천시 일동면 기산리	1998	방재관측	171.7
6	경기도 포천시 자작동	1998	방재관측	102.1
7	경기도 포천시 창수면 고소성리	1998	방재관측	80
5	경기도 화성시 남양동	1998	방재관측	54.6
2	경기도 화성시 백미리	2013	방재관측	70
6	경기도 화성시 서신면 전곡리	1998	방재관측	8
5	경기도 화성시 우정읍 조암리	1998	방재관측	18

강원도

ZONE	주소	기상 관측 시작 연도	기상관측 종류	해발고도(m)
4	강원도 강릉시 강문동	1998	방재관측	3.3
4	강원도 강릉시 방동리	2008	지상관측	78.9
4	강원도 강릉시 연곡면 송림리	1998	방재관측	10
5	강원도 강릉시 옥계면 현내리	1998	방재관측	15.1
2	강원도 강릉시 왕산면 송현리	2003	방재관측	658.2
5	강원도 강릉시 용강동	1985	지상관측	26.04
4	강원도 강릉시 주문진읍 주문리	1998	방재관측	10
4	강원도 고성군 간성읍 신안리	1998	방재관측	5.3
2	강원도 고성군 간성읍 흘리	1998	방재관측	596.3

4	강원도 고성군 봉포리	1985	지상관측	18.06
2	강원도 고성군 토성면 원암리	1998	방재관측	770.5
4	강원도 고성군 현내면 대진리	1998	방재관측	30.3
4	강원도 고성군 현내면 명파리	2000	방재관측	5
4	강원도 동해시 용정동	1992	지상관측	39.91
4	강원도 삼척시 교동	2004	방재관측	67.6
4	강원도 삼척시 근덕면 궁촌리	2006	방재관측	70.7
2	강원도 삼척시 도계읍 황조리	2011	방재관측	814.2
5	강원도 삼척시 신기면 신기리	2003	방재관측	81.8
4	강원도 삼척시 원덕읍 산양리	1998	방재관측	36
3	강원도 삼척시 하장면 광동리	1998	방재관측	653.8
4	강원도 속초시 설악동	1998	방재관측	189.5
4	강원도 속초시 조양동	2007	방재관측	3
5	강원도 양구군 방산면 현리	1998	방재관측	262.2
5	강원도 양구군 양구읍 정림리	1998	방재관측	188.9
3	강원도 양구군 해안면 현리	1998	방재관측	448
4	강원도 양양군 강현면 장산리	1998	방재관측	13.4
4	강원도 양양군 서면 영덕리	1998	방재관측	146.1
4	강원도 양양군 서면 오색리	1998	방재관측	337.4
4	강원도 양양군 양양읍 송암리	2007	방재관측	4.3
4	강원도 영월군 상동읍 내덕리	1998	방재관측	420
6	강원도 영월군 주천면 주천리	1998	방재관측	283
5	강원도 영월군 하송리	1995	지상관측	240.6
5	강원도 원주시 명륜동	1985	지상관측	148.64
6	강원도 원주시 문막읍 취병리	2004	방재관측	85
7	강원도 원주시 부론면 흥호리	1998	방재관측	52
4	강원도 원주시 소초면 학곡리	1998	방재관측	268.5
4	강원도 원주시 신림면 신림리	1998	방재관측	352
3	강원도 원주시 판부면 서곡리	2003	방재관측	518
4	강원도 인제군 기린면 현리	1998	방재관측	336.5
5	강원도 인제군 남면 신남리	1998	방재관측	236.4
4	강원도 인제군 남북리	1985	지상관측	200.16
1	강원도 인제군 북면 용대리	2002	방재관측	1262.6
5	강원도 인제군 북면 원통리	2002	방재관측	253.7
5	강원도 인제군 서화면 천도리	1998	방재관측	311
5	강원도 정선군 북실리	2011	지상관측	307.4
5	강원도 정선군 북평면 장열리	1998	방재관측	436
2	강원도 정선군 사북리	2011	방재관측	821
4	강원도 정선군 신동읍 예미리	1998	방재관측	392

4	강원도 정선군 임계면 봉산리	1998	방재관측	488
4	강원도 철원군 군탄리	1988	지상관측	153.7
4	강원도 철원군 근남면 마현리	2002	방재관측	291.4
5	강원도 철원군 김화읍 학사리	1998	방재관측	246
5	강원도 철원군 동송읍 양지리	1999	방재관측	200
4	강원도 철원군 원동면	2003	방재관측	210.8
1	강원도 철원군 임남면	2003	방재관측	1062
4	강원도 철원군 철원읍 외촌리	1999	방재관측	201.6
3	강원도 철원군 철원읍 화지리	2003	방재관측	206.7
5	강원도 춘천시 남산면 방하리	2012	방재관측	55
6	강원도 춘천시 남산면 창촌리	1998	방재관측	93.6
5	강원도 춘천시 북산면 오항리	1998	방재관측	240.6
2	강원도 춘천시 용산리	2013	방재관측	852.2
5	강원도 춘천시 우두동	1985	지상관측	77.71
5	강원도 춘천시 유포리	2014	방재관측	142
3	강원도 태백시 황지동	1985	지상관측	712.82
2	강원도 평창군 대관령면 용산리	2002	방재관측	770
4	강원도 평창군 대화면 대화리	1998	방재관측	445.6
3	강원도 평창군 봉평면 면온리	2000	방재관측	567
4	강원도 평창군 봉평면 창동리	1998	방재관측	570.4
4	강원도 평창군 진부면	1998	방재관측	540.7
4	강원도 평창군 평창읍 여만리	1998	방재관측	303.2
2	강원도 평창군 횡계리	1985	지상관측	772.57
1	강원도 홍천군 내면 명개리	2003	방재관측	1015.1
4	강원도 홍천군 내면 창촌리	1998	방재관측	599.5
6	강원도 홍천군 두촌면 자은리	1998	방재관측	220.5
6	강원도 홍천군 서면 반곡리	1998	방재관측	92.6
5	강원도 홍천군 서석면 풍암리	1998	방재관측	312.9
6	강원도 홍천군 연봉리	1985	지상관측	140.92
1	강원도 화천군 사내면 광덕리	2004	방재관측	1050.1
5	강원도 화천군 사내면 사창리	1998	방재관측	302
4	강원도 화천군 상서면 산양리	2002	방재관측	263.8
6	강원도 화천군 하남면 위라리	1998	방재관측	113
5	강원도 화천군 화천읍 동촌리	2003	방재관측	224.4
4	강원도 횡성군 안흥면 안흥리	1998	방재관측	430.7
5	강원도 횡성군 청일면 유동리	1998	방재관측	222
6	강원도 횡성군 횡성읍 읍하리	1998	방재관측	110.5

충청남도

ZONE	주소	기상 관측 시작 연도	기상관측 종류	해발고도(m)
5	충청남도 계룡시 남선면 부남리	2006	방재관측	132
2	충청남도 계룡시 남선면 부남리	2000	방재관측	831.7
6	충청남도 공주시 웅진동	1998	방재관측	50
6	충청남도 공주시 유구읍 석남리	1998	방재관측	71.5
6	충청남도 공주시 정안면 평정리	1998	방재관측	61.3
5	충청남도 금산군 아인리	1985	지상관측	170.35
6	충청남도 논산시 광석면 이사리	1998	방재관측	5.9
7	충청남도 논산시 연무읍 안심리	1998	방재관측	56.4
5	충청남도 당진시 채운동	1998	방재관측	50
4	충청남도 보령시 신흑동	2000	방재관측	42.3
4	충청남도 보령시 오천면 삽시도리	1998	방재관측	22.6
3	충청남도 보령시 오천면 외연도리	2002	방재관측	20.5
4	충청남도 보령시 요암동	1985	지상관측	15.49
6	충청남도 부여군 가탑리	1985	지상관측	11.33
6	충청남도 부여군 양화면	1998	방재관측	10
4	충청남도 서산시 대산읍 대죽리	1998	방재관측	16
4	충청남도 서산시 수석동	1985	지상관측	28.91
5	충청남도 서천군 마서면 계동리	1998	방재관측	8
4	충청남도 서천군 서면 신합리	1998	방재관측	21.3
5	충청남도 아산시 인주면 대음리	1998	방재관측	27.5
1	충청남도 예산군 덕산면 대치리	2003	방재관측	674.9
5	충청남도 예산군 봉산면 고도리	1998	방재관측	43.6
6	충청남도 예산군 신암면 종경리	1998	방재관측	38.7
6	충청남도 천안시 성거읍 신월리	1998	방재관측	41.4
5	충청남도 천안시 동남구 신방동	1985	지상관측	21.3
6	충청남도 청양군 정산면 학암리	2003	방재관측	21.9
5	충청남도 청양군 청양읍 정좌리	1998	방재관측	98.1
2	충청남도 태안군 근흥면 가의도리	1998	방재관측	103.6
3	충청남도 태안군 근흥면 가의도리	2002	방재관측	58.9
3	충청남도 태안군 근흥면 신진도리	1998	방재관측	8
3	충청남도 태안군 소원면 모항리	2000	방재관측	69.6
2	충청남도 태안군 원북면 방갈리	2002	방재관측	26.5
4	충청남도 태안군 이원면 포지리	1998	방재관측	23.6
5	충청남도 태안군 태안읍 남문리	1998	방재관측	40.9
5	충청남도 홍성군 서부면 이호리	1998	방재관측	22.6
6	충청남도 홍성군 홍성읍 옥암리	1998	방재관측	49.3

충청북도

ZONE	주소	기상 관측 시작 연도	기상관측 종류	해발고도(m)
5	충청북도 괴산군 괴산읍 서부리	1998	방재관측	127
5	충청북도 괴산군 청천면 송면리	1998	방재관측	225.1
6	충청북도 단양군 단양읍 별곡리	1998	방재관측	184.2
6	충청북도 단양군 영춘면 상리	1998	방재관측	183.3
5	충청북도 보은군 내속리면 상판리	1998	방재관측	324.9
5	충청북도 보은군 성주리	1985	지상관측	174.99
5	충청북도 영동군 관리	1985	지상관측	244.73
7	충청북도 영동군 양산면 가곡리	1998	방재관측	120.5
6	충청북도 영동군 영동읍 부용	1998	방재관측	137.1
6	충청북도 옥천군 옥천읍 매화리	1998	방재관측	117.8
6	충청북도 옥천군 청산면 지전리	1999	방재관측	51.9
5	충청북도 음성군 금왕읍 용계리	1998	방재관측	132
6	충청북도 음성군 음성읍 평곡리	1998	방재관측	161
5	충청북도 제천시 덕산면 도전리	1998	방재관측	282
5	충청북도 제천시 백운면 평동리	2002	방재관측	230
5	충청북도 제천시 신월동	1985	지상관측	263.61
6	충청북도 제천시 청풍면 물태리	1998	방재관측	185.7
6	충청북도 제천시 한수면 탄지리	2002	방재관측	141
6	충청북도 증평군 증평읍 연탄리	1998	방재관측	74.7
5	충청북도 진천군 진천읍	1998	방재관측	90.5
6	충청북도 청원군 문의면 미천리	1998	방재관측	113
6	충청북도 청원군 미원리	2013	방재관측	92
5	충청북도 청원군 미원면 미원리	1998	방재관측	244
5	충청북도 청원군 오창면 송대리	2003	방재관측	66
5	충청북도 청주시 청원군 오창읍	2014	방재관측	66
6	충청북도 청주시 상당구 명암동	2002	방재관측	127.5
6	충청북도 청주시 흥덕구 복대동	1985	지상관측	57.16
5	충청북도 충주시 노은면 신효리	1998	방재관측	116.6
5	충청북도 충주시 수안보면 안보리	1998	방재관측	232.1
5	충청북도 충주시 안림동	1985	지상관측	115.12
7	충청북도 충주시 엄정면 율능리	1998	방재관측	77.6

전라남도

ZONE	주소	기상 관측 시작 연도	기상관측 종류	해발고도(m)
5	전라남도 강진군 남포리	2010	지상관측	12.5
5	전라남도 강진군 성전면 송월리	1998	방재관측	20.1
5	전라남도 고흥군 도양읍 봉암리	1998	방재관측	10.4
4	전라남도 고흥군 도화면 구암리	1998	방재관측	140.2
4	전라남도 고흥군 봉래면 외초리	1999	방재관측	126.8
5	전라남도 고흥군 영남면 양사리	1998	방재관측	14.5
5	전라남도 고흥군 행정리	1985	지상관측	53.12
6	전라남도 곡성군 곡성읍 학정리	1998	방재관측	10
6	전라남도 곡성군 옥과면 리문리	2000	방재관측	120.5
6	전라남도 광양시 광양읍 칠성리	1998	방재관측	19
1	전라남도 광양시 옥룡면 동곡리	2003	방재관측	898.3
5	전라남도 광양시 중동	2011	지상관측	80.9
7	전라남도 구례군 구례읍 봉서리	1998	방재관측	32.3
1	전라남도 구례군 산동면 좌사리	2002	방재관측	1088.9
4	전라남도 구례군 토지면 내동리	1999	방재관측	413.3
7	전라남도 나주시 금천면 원곡리	1998	방재관측	14.7
6	전라남도 나주시 다도면 신동리	1998	방재관측	80.6
5	전라남도 담양군 담양읍 천변리	1998	방재관측	35.3
5	전라남도 목포시 연산동	1985	지상관측	38
6	전라남도 무안군 몽탄면 사천리	1998	방재관측	17.8
5	전라남도 무안군 무안읍 교촌리	2001	방재관측	35
5	전라남도 무안군 운남면 연리	1998	방재관측	26.3
5	전라남도 무안군 해제면 광산리	2002	방재관측	25.1
5	전라남도 보성군 벌교읍	1998	방재관측	5
5	전라남도 보성군 보성읍 옥평리	1998	방재관측	146.3
6	전라남도 보성군 복내면 복내리	1998	방재관측	129.6
5	전라남도 보성군 예당리	2010	지상관측	2.8
5	전라남도 순천시 장천동	1998	방재관측	28.1
5	전라남도 순천시 평중리	2011	지상관측	165
6	전라남도 순천시 황전면 괴목리	2000	방재관측	79.6
5	전라남도 신안군 비금면 지당리	1998	방재관측	10
5	전라남도 신안군 안좌면 읍동리	1998	방재관측	33.1
5	전라남도 신안군 압해면 신용리	1999	방재관측	12
3	전라남도 신안군 예리	1997	지상관측	76.49
5	전라남도 신안군 임자면 진리	2002	방재관측	6
4	전라남도 신안군 자은면 구영리	1998	방재관측	18.4
4	전라남도 신안군 장산면 오음리	2002	방재관측	18.9

5	전라남도 신안군 지도읍 읍내리	1998	방재관측	22.3
4	전라남도 신안군 하의면 웅곡리	1988	방재관측	11.3
3	전라남도 신안군 흑산면 가거도리	2002	방재관측	22
3	전라남도 신안군 흑산면 태도리	2000	방재관측	35.6
3	전라남도 신안군 흑산면 홍도리	2000	방재관측	22
3	전라남도 여수시 남면 연도리	2002	방재관측	5.1
4	전라남도 여수시 돌산읍 신복리	1998	방재관측	8
4	전라남도 여수시 삼산면 거문리	1998	방재관측	9.2
4	전라남도 여수시 삼산면 초도리	2000	방재관측	38
6	전라남도 여수시 월내동	1998	방재관측	67.5
4	전라남도 여수시 중앙동	1985	지상관측	64.64
4	전라남도 여수시 화양면 안포리	1998	방재관측	34.9
4	전라남도 영광군 낙월면 상낙월리	2000	방재관측	12
5	전라남도 영광군 만곡리	2008	지상관측	37.2
5	전라남도 영광군 염산면 봉남리	1998	방재관측	15.2
6	전라남도 영암군 미암면 춘동리	1998	방재관측	16.9
6	전라남도 영암군 시종면 내동리	1998	방재관측	17.4
6	전라남도 영암군 영암읍 동무리	1998	방재관측	26.4
5	전라남도 완도군 금일읍 신구리	1998	방재관측	10.3
4	전라남도 완도군 보길면 부황리	1998	방재관측	9.3
4	전라남도 완도군 불목리	1985	지상관측	35.24
4	전라남도 완도군 신지면 월양리	2002	방재관측	21
4	전라남도 완도군 완도읍 중도리	2003	방재관측	4.4
4	전라남도 완도군 청산면 도청리	1998	방재관측	26
4	전라남도 완도군 청산면 여서리	2002	방재관측	35.4
5	전라남도 장성군 삼서면 학성리	2008	방재관측	107.7
6	전라남도 장성군 황룡면 와룡리	1998	방재관측	38.2
6	전라남도 장흥군 대덕읍 신월리	1998	방재관측	235.7
5	전라남도 장흥군 유치면 관동리	1998	방재관측	94
5	전라남도 장흥군 축내리	1985	지상관측	45.02
5	전라남도 진도군 고군면 오산리	1998	방재관측	43.2
3	전라남도 진도군 남동리	2014	지상관측	5.4
3	전라남도 진도군 사천리	2002	지상관측	476.47
4	전라남도 진도군 의신면 연주리	1998	방재관측	20.3
3	전라남도 진도군 조도면 서거차도리	2004	방재관측	4
4	전라남도 진도군 조도면 창유리	1998	방재관측	24.1
3	전라남도 진도군 지산면 인지리	2003	방재관측	37.5
6	전라남도 함평군 월야면 월야리	1998	방재관측	51.7
6	전라남도 함평군 함평읍 기각리	1998	방재관측	11

5	전라남도 해남군 남천리	1985	지상관측	13.01
5	전라남도 해남군 북일면 신월리	1998	방재관측	21.1
4	전라남도 해남군 송지면 산정리	1998	방재관측	14.5
5	전라남도 해남군 현산면 일평리	1998	방재관측	22.6
5	전라남도 해남군 화원면 청용리	1998	방재관측	15.3
5	전라남도 화순군 북면 옥리	1998	방재관측	190.4
6	전라남도 화순군 이양면 오류리	1998	방재관측	84
7	전라남도 화순군 화순읍 삼천리	1998	방재관측	78

전라북도

ZONE	주소	기상 관측 시작 연도	기상관측 종류	해발고도(m)
6	전라북도 고창군 덕산리	2007	지상관측	54
5	전라북도 고창군 매산리	2011	지상관측	52
4	전라북도 고창군 상하면 장산리	2010	방재관측	10.8
4	전라북도 고창군 심원면 도천리	1998	방재관측	18.3
5	전라북도 군산시 금동	1985	지상관측	23.2
4	전라북도 군산시 내초동	2012	방재관측	10
3	전라북도 군산시 옥도면 말도리	2002	방재관측	48.
4	전라북도 군산시 옥도면 비안도리	2009	방재관측	9.6
3	전라북도 군산시 옥도면 어청도리	1998	방재관측	52.3
4	전라북도 군산시 옥도면 장자도리	1998	방재관측	11.5
6	전라북도 김제시 서암동	1998	방재관측	26.8
5	전라북도 김제시 진봉면 고사리	1998	방재관측	14
6	전라북도 남원시 도통동	1985	방재관측	127.48
4	전라북도 남원시 산내면 부운리	1998	방재관측	480.6
5	전라북도 무주군 무주읍 당산리	1998	방재관측	205.8
4	전라북도 무주군 설천면 삼공리	1998	방재관측	599.3
1	전라북도 무주군 설천면 심곡리	2002	방재관측	1518.3
4	전라북도 부안군 변산면 격포리	1998	방재관측	11.2
5	전라북도 부안군 역리	1985	지상관측	11.96
4	전라북도 부안군 위도면 진리	2011	방재관측	16.8
5	전라북도 부안군 줄포면 장동리	1998	방재관측	9.7
6	전라북도 순창군 교성리	2008	지상관측	127
6	전라북도 순창군 반월리	2011	방재관측	100
5	전라북도 순창군 복흥면 정산리	1998	방재관측	314
6	전라북도 완주군 구이면 원기리	2002	방재관측	101.3
7	전라북도 완주군 용진면 운곡리	1998	방재관측	60.8

6	전라북도 익산시 신흥동	1998	방재관측	14.5
6	전라북도 익산시 여산면	1998	방재관측	35.9
6	전라북도 익산시 함라면 신등리	1998	방재관측	15.9
5	전라북도 임실군 강진면 용수리	1998	방재관측	232.3
6	전라북도 임실군 신덕면 수천리	1998	방재관측	235.3
5	전라북도 임실군 이도리	1985	지상관측	247.87
4	전라북도 장수군 선창리	1988	지상관측	406.49
6	전라북도 전주시 완산구 남노송동	1985	지상관측	53.4
5	전라북도 정읍시 내장동	2000	방재관측	107.8
6	전라북도 정읍시 상동	1985	지상관측	44.58
6	전라북도 정읍시 태인면 태창리	1998	방재관측	20.4
5	전라북도 진안군 동향면 대량리	1998	방재관측	320.2
5	전라북도 진안군 주천면 신양리	1998	방재관측	259
4	전라북도 진안군 진안읍 반월리	1998	방재관측	288.9

경상남도

ZONE	주소	기상 관측 시작 연도	기상관측 종류	해발고도(m)
4	경상남도 거제시 남부면 저구리	1998	방재관측	11.2
4	경상남도 거제시 능포동	2002	방재관측	54.7
3	경상남도 거제시 일운면 지세포리	1998	방재관측	111.5
4	경상남도 거제시 장목면 장목리	2004	방재관측	26
6	경상남도 거창군 북상면 갈계리	1998	방재관측	327.4
5	경상남도 거창군 정장리	1985	지상관측	225.95
6	경상남도 고성군 개천면 명성리	1998	방재관측	74.1
6	경상남도 고성군 고성읍 죽계리	1998	방재관측	11
6	경상남도 김해시 부원동	2008	지상관측	59.34
7	경상남도 김해시 생림면 봉림리	1998	방재관측	29.1
6	경상남도 김해시 진영읍 우동리	2010	방재관측	20.6
5	경상남도 남해군 다정리	1985	지상관측	44.95
4	경상남도 남해군 상주면 상주리	1998	방재관측	22.1
6	경상남도 밀양시 내이동	1985	지상관측	11.21
7	경상남도 밀양시 산내면 송백리	1998	방재관측	125.5
4	경상남도 사천시 대방동	1998	방재관측	23.2
6	경상남도 사천시 용현면 신복리	1998	방재관측	23.5
6	경상남도 산청군 단성면 강누리	1998	방재관측	56.2
6	경상남도 산청군 삼장면 대포리	2000	방재관측	134.5
4	경상남도 산청군 시천면 중산리	2002	방재관측	353.5
2	경상남도 산청군 시천면 중산리	2003	방재관측	864.7

6	경상남도 산청군 지리	1985	지상관측	138.07
6	경상남도 양산시 금산리	2009	지상관측	14.85
5	경상남도 양산시 남부동	1998	방재관측	40.6
6	경상남도 양산시 웅상읍 삼호리	1998	방재관측	100
5	경상남도 양산시 원동면 원리	1998	방재관측	19.6
6	경상남도 의령군 무전리	2010	지상관측	14.18
6	경상남도 의령군 칠곡면 신포리	1998	방재관측	61.9
4	경상남도 진주시 대곡면	2014	방재관측	22
7	경상남도 진주시 수곡면 대천리	1998	방재관측	72.5
6	경상남도 진주시 평거동	1985	지상관측	30.21
7	경상남도 창녕군 길곡면 증산리	1998	방재관측	23.5
7	경상남도 창녕군 대지면 효정리	1998	방재관측	24.3
7	경상남도 창녕군 도천면 우강리	1998	방재관측	13.7
5	경상남도 창원시 마산합포구 가포동	1985	지상관측	37.15
5	경상남도 창원시 마산합포구 진북면	1998	방재관측	25.6
6	경상남도 창원시 성산구 내동	2009	지상관측	46.77
5	경상남도 창원시 진해구 웅천동	1998	방재관측	16.3
4	경상남도 통영시 사량면 금평리	1998	방재관측	15.2
4	경상남도 통영시 욕지면 동항리	1998	방재관측	80
4	경상남도 통영시 장평리	1985	지상관측	46.27
4	경상남도 통영시 정량동	1985	지상관측	32.67
3	경상남도 통영시 한산면 매죽리	2006	방재관측	43.9
5	경상남도 하동군 금남면 덕천리	1998	방재관측	11.3
7	경상남도 하동군 하동읍 읍내리	1998	방재관측	21.6
7	경상남도 하동군 화개면	1998	방재관측	27.9
7	경상남도 함안군 가야읍 산서리	1998	방재관측	8.9
5	경상남도 함양군 서하면 송계리	1998	방재관측	366.1
6	경상남도 함양군 용평리	2010	지상관측	151.2
6	경상남도 함양군 함양읍 백천리	1998	방재관측	139.4
3	경상남도 합천군 가야면 치인리	2002	방재관측	595.7
5	경상남도 합천군 대병면 회양리	1998	방재관측	248
7	경상남도 합천군 삼가면 두모리	1998	방재관측	98.7
7	경상남도 합천군 청덕면 가현리	1998	방재관측	22.2
6	경상남도 합천군 합천리	1985	지상관측	33.1

경상북도

ZONE	주소	기상 관측 시작 연도	기상관측 종류	해발고도(m)
7	경상북도 경산시 중방동	1998	방재관측	77.1
7	경상북도 경산시 하양읍 금락리	1998	방재관측	67.8
4	경상북도 경주시 감포읍 나정리	1998	방재관측	25.2
5	경상북도 경주시 산내면 내일리	1998	방재관측	211.9
4	경상북도 경주시 양북면 장항리	2003	방재관측	341.4
6	경상북도 경주시 외동읍 입실리	1998	방재관측	107.7
6	경상북도 경주시 탑동	2011	지상관측	37.64
6	경상북도 경주시 황성동	1998	방재관측	33.6
6	경상북도 고령군 고령읍 내곡리	1998	방재관측	41.5
6	경상북도 구미시 남통동	1985	지상관측	48.8
7	경상북도 구미시 선산읍 이문리	1998	방재관측	38.4
6	경상북도 군위군 군위읍 내량리	1998	방재관측	82.4
6	경상북도 군위군 소보면 위성리	1998	방재관측	68.3
6	경상북도 군위군 의흥면 수서리	1998	방재관측	128.7
7	경상북도 김천시 구성면 하강리	1998	방재관측	83.3
5	경상북도 김천시 대덕면 관기리	1998	방재관측	19.9
6	경상북도 문경시 농암면 농암리	1998	방재관측	188.6
5	경상북도 문경시 동로면 생달리	1998	방재관측	307.9
5	경상북도 문경시 마성면 외어리	1998	방재관측	181.2
5	경상북도 문경시 유곡동	1985	지상관측	170.61
5	경상북도 봉화군 봉화읍 거촌리	1998	방재관측	301.5
4	경상북도 봉화군 석포면 대현리	1998	방재관측	495.8
4	경상북도 봉화군 의양리	1988	지상관측	319.85
6	경상북도 상주시 공성면 장동리	1998	방재관측	94
6	경상북도 상주시 낙양동	2002	지상관측	96.17
5	경상북도 상주시 화서면 달천리	1998	방재관측	300
6	경상북도 성주군 성주읍 삼산리	1998	방재관측	48.3
6	경상북도 안동시 길안면 천지리	1998	방재관측	137.2
6	경상북도 안동시 예안면 정산리	1998	방재관측	207
5	경상북도 안동시 운안동	1985	지상관측	140.1
7	경상북도 안동시 풍천면 하회리	1998	방재관측	92.9
5	경상북도 영덕군 성내리	1985	지상관측	42.12
5	경상북도 영덕군 영덕읍 구미리	1998	방재관측	23
4	경상북도 영양군 수비면 발리리	1998	방재관측	415
4	경상북도 영양군 영양읍 서부리	1998	방재관측	248.4
5	경상북도 영주시 부석면 소천리	1998	방재관측	294.4
5	경상북도 영주시 성내리	1985	지상관측	210.79

6	경상북도 영주시 이산면 원리	1998	방재관측	188.8
6	경상북도 영천시 망정동	1985	지상관측	93.6
7	경상북도 영천시 신녕면 화성리	1998	방재관측	126.2
6	경상북도 영천시 화북면 오산리	1998	방재관측	134.4
6	경상북도 예천군 예천읍 동본리	1998	방재관측	100.9
6	경상북도 예천군 풍양면 낙상리	1998	방재관측	82.6
3	경상북도 울릉군 도동리	1985	지상관측	222.8
4	경상북도 울릉군 북면 천부리	2002	방재관측	30.4
4	경상북도 울릉군 서면 태하리	1998	방재관측	172.8
2	경상북도 울릉군 울릉읍 독도리	2010	방재관측	96.2
5	경상북도 울진군 북면 소곡리	1998	방재관측	75.2
5	경상북도 울진군 서면 삼근리	1998	방재관측	226
4	경상북도 울진군 연지리	1985	지상관측	50
5	경상북도 울진군 온정면 소태리	1998	방재관측	144.4
4	경상북도 울진군 죽변면 죽변리	2000	방재관측	41
4	경상북도 울진군 후포면 금음리	1998	방재관측	59.2
7	경상북도 의성군 안계면 용기리	1998	방재관측	61
6	경상북도 의성군 원당리	1985	지상관측	81.81
5	경상북도 청도군 금천면	1999	방재관측	41.5
6	경상북도 청도군 화양읍 송북리	1998	방재관측	76.3
5	경상북도 청송군 부동면 상의리	2002	방재관측	261
6	경상북도 청송군 청송읍	2011	지상관측	206.23
6	경상북도 청송군 청송읍 송생리	1998	방재관측	208.7
5	경상북도 청송군 현서면 덕계리	1998	방재관측	326
7	경상북도 칠곡군 가산면 천평리	1998	방재관측	121.6
4	경상북도 칠곡군 동명면 득명리	2000	방재관측	571.6
7	경상북도 칠곡군 약목면 동안리	1998	방재관측	29.4
5	경상북도 포항시 남구 구룡포읍 병포리	1998	방재관측	42.4
4	경상북도 포항시 남구 대보면 대보리	1998	방재관측	9.4
5	경상북도 포항시 남구 송도동	1985	지상관측	2.28
5	경상북도 포항시 북구 기계면 현내리	1998	방재관측	53.6
5	경상북도 포항시 북구 죽장면 입암리	1998	방재관측	223.4
5	경상북도 포항시 북구 청하면 덕성리	1998	방재관측	59.9

제주특별자치도

ZONE	주소	기상 관측 시작 연도	기상관측 종류	해발고도(m)
4	제주특별자치도 서귀포시 남원읍 남원리	1998	방재관측	17.2
4	제주특별자치도 서귀포시 남원읍 한남리	1998	방재관측	246.3
4	제주특별자치도 서귀포시 대정읍 가파리	2003	방재관측	12.2
2	제주특별자치도 서귀포시 대정읍 가파리	2002	방재관측	25.5
4	제주특별자치도 서귀포시 대정읍 하모리	2000	방재관측	11.4
4	제주특별자치도 서귀포시 대포동	2002	방재관측	407.2
3	제주특별자치도 서귀포시 대포동	2014	방재관측	143
2	제주특별자치도 서귀포시 법환동	2012	방재관측	177.6
5	제주특별자치도 서귀포시 색달동	2002	방재관측	60.9
5	제주특별자치도 서귀포시 서귀동	1985	지상관측	48.96
4	제주특별자치도 서귀포시 신산리	1985	지상관측	17.75
5	제주특별자치도 서귀포시 안덕면 서광리	1998	방재관측	143.5
5	제주특별자치도 서귀포시 표선면 하천리	1999	방재관측	77.2
5	제주특별자치도 제주시 건입동	1985	지상관측	20.45
4	제주특별자치도 제주시 고산리	1988	지상관측	74.29
5	제주특별자치도 제주시 구좌읍 세화리	1998	방재관측	18.4
3	제주특별자치도 제주시 아라일동	2002	방재관측	374.7
4	제주특별자치도 제주시 애월읍 유수암리	1998	방재관측	422.9
4	제주특별자치도 제주시 우도면 서광리	1998	방재관측	38.5
1	제주특별자치도 제주시 조천읍 교래리	1999	방재관측	757.4
4	제주특별자치도 제주시 조천읍 선흘리	1998	지상관측	340.6
4	제주특별자치도 제주시 추자면 대서리	1978	지상관측	7.5
5	제주특별자치도 제주시 한림읍 한림리	1998	방재관측	21.6
1	제주특별자치도 제주시 해안동	2000	방재관측	968.3

참고문헌 및 웹사이트

국립수목원 저, 『국가표준재배식물목록』, 국립수목원, 2010.

권순식, 노회은, 배준규, 손상용, 정대한, 정우철, 『꽃보다 아름다운 잎』, 한숲, 2016.

김용식 외, 『수피도감』, 한숲, 2017.

김종근, 정대한, 정우철, 노회은, 신귀현, 권순식, 손상용, 『테마가 있는 정원식물』, 한숲, 2014.

김봉찬, "만병초 재배사례", 『조경수』 130, 2012.

송기훈, "대사초와 그 종류들", 『조경생태시공』 38, 2007.

송기훈, "수크령와그 종류들", 『조경생태시공』 27, 2006.

송기훈, "억새와그 종류들", 『조경생태시공』 25, 2006.

오경아, 『가든 디자인의 발견』, 궁리, 2015.

오경아, 『정원의 발견, 궁리』, 2014.

윤평섭, 『환경 원예식물도감』, 문운당, 1998.

이병철, "정원의 기본골격 '관목의 어울림'", 『가드닝』 16, 2014.

이병철, "감각정원", 『푸른누리』 32, 2011.

이병철, "Plants combination", 『가드닝』 4, 2013.

이병철, "Plants combination", 『가드닝』 5, 2013.

이병철, "Plants combination-침엽수", 『가드닝』 9, 2014.

이유미, "교목, 관목", 『가드닝』 7, 2013.

Barbara Wise, *Container Gardening for All Seasons*, Cool Springs Press, 2012.

Jane Sterndale-Bennett, *The Winter Garden*, D&C, 2006.

Susan Chivers, *Planting for Colour*, D&C, 2006.

BBC_http://www.bbc.co.uk/gardening

Dave's Garden_http://davesgarden.com

Fine Gardening_http://www.finegardening.com

Gardeners' World_http://www.gardenersworld.com

Learn2Grow_http://www.learn2grow.com/plants/

Missouri Botanical Garden_http://www.missouribotanicalgarden.org

Perennials.com_http://www.perennials.com

Perennial Resource_http://www.perennialresource.com

Royal Horticultural Society_https://www.rhs.org.uk

찾아보기_열매 학명

찾아보기_줄기 학명

찾아보기_열매 국명

찾아보기_줄기 국명

지은이

김정민

경남과학기술대학교 조경학과에서 학사, 석사, 박사수료를 마쳤다. 2005년 수목원전문가양성과정을 시작으로 천리포수목원의 식물팀을 거쳐 2011년부터 경상남도 금원산생태수목원에서 희귀특산식물의 보존과 복원을 위해 노력하고 있다. 짙은 솔향기와 다양한 색깔을 지닌 구상나무처럼 다녀가면 여운이 남는 식물원을 꿈꾸는 가드너이다.

남수환

강원도 정선에서 나고 서른 즈음에 수목원의 길을 천리포에서 시작했다. 십수 년 동안 연구, 교육 등 다양한 일을 경험하고, 현재는 국립백두대간수목원에서 수목원 분야의 전문인력을 양성하는 업무를 담당하고 있다. 어린 아내와 전원주택에서 텃밭을 가꾸는 꿈을 꾸며 살고 있다. 심장 모양을 닮은 미선나무 열매를 볼 때마다 가슴이 뛴다.

노회은

참외밭을 일구던 세상에서 가장 사랑하는 가드너 노재근, 권차연의 열매. 영남대학교 김용식 교수의 가르침으로 줄기와 뿌리를 수목원으로 향했다. 서울대학교 대학원 산림과학부에서 숲을 배우고 국립수목원, 대구수목원과의 인연이 나이테와 수피에 남았다. 현재 2006년부터 제이드가든에서 가드너의 '멋'과 정원의 '맛'을 소박한 사람들과 나누고 있다. 아프리카 여행에서 만난 망고는 생명의 열매였다. 훈민이와 정음이도 세상을 위한 열매가 되길 바란다.

배준규

영남대학교 대학원에서 식재계획 및 설계를 전공하고 영국 더 크라운 에스테이트 세빌 가든(The Crown Estate Savill Garden)에서 연수를 했다. 수목원 조성과 관련하여 다양하고 오랜 경험을 했다. 현재는 국립수목원 수목원과에서 근무하고 있으며, 공·사립 수목원 및 정원 조성에 자문 활동을 활발히 하고 있다. 화려한 수피에 동백꽃을 닮은 꽃을 피우는 노각나무를 좋아한다.

신귀현

한국전통문화대학교 전통조경학과를 졸업하고 강원대학교 대학원에서 농학석사를 마쳤다. 아침고요수목원, 제이드가든을 거쳐 지금은 정원 만드는 일을 하고 있다. 제일 좋아하는 꽃은 홀아비바람꽃이고, 제일 좋아하는 일은 씨앗 뿌리기와 삽목하기, 정원에서 흙 만지며 놀기. 정원에서 노는 시간이 가장 행복해 다시 태어나도 꼭 정원사가 되고 싶다. 늦가을 하얀 눈보다 앞서 갈색 씨앗을 흩날리는 참느릅나무의 도도함을 좋아한다.

정대한

배재대학교에서 원예와 조경을 전공하고, 강원대학교 대학원에서 농학석사를 마쳤다. 현재 제이드가든 수목원관리팀장을 맡고 있으며, 추운 겨울철 하얀 눈 위에서 줄기의 색상이 아름다운 말채나무류 식물을 좋아한다. 줄기만 남은 상태에서 강렬한 색을 본다면 누구라도 반하지 않을 수 없을 것 같다.

정우철

영남대학교 조경학과를 졸업하고 강원대학교 대학원에서 농학석사를 마쳤다. 천리포수목원, 양평들꽃수목원을 거쳐 2011년부터 제이드가든에서 식물을 키우고 관리하는 일을 맡고 있다. 겨울철 눈과 대비 되는 흰말채나무의 붉은색 가지와 같이 자신만의 색을 자랑하고 싶다.

* 교신저자: 노회은(sejonggardener@gmail.com)